普通高等院校"十三五"规划教材

食 品 营 养 学

编 著　李云捷　黄升谋
审 定　武 杰

西南交通大学出版社
·成 都·

图书在版编目（ＣＩＰ）数据

食品营养学 / 李云捷，黄升谋编著. —成都：西
南交通大学出版社，2018.9
ISBN 978-7-5643-6416-8

Ⅰ. ①食… Ⅱ. ①李… ②黄… Ⅲ. ①食品营养 – 营
养学 – 高等学校 – 教材 Ⅳ. ①TS201.4

中国版本图书馆 CIP 数据核字（2018）第 210184 号

食品营养学

编著　李云捷　黄升谋

责任编辑　　牛　君
封面设计　　墨创文化

出版发行　西南交通大学出版社
　　　　　（四川省成都市二环路北一段 111 号
　　　　　　西南交通大学创新大厦 21 楼）
邮政编码　　610031
发行部电话　028-87600564　028-87600533
网址　　　　http://www.xnjdcbs.com
印刷　　　　成都中永印务有限责任公司

成品尺寸　　185 mm × 260 mm
印张　　　　9.5
字数　　　　236 千
版次　　　　2018 年 9 月第 1 版
印次　　　　2018 年 9 月第 1 次
定价　　　　36.00 元
书号　　　　ISBN 978-7-5643-6416-8

课件咨询电话：028-87600533
图书如有印装质量问题　本社负责退换
版权所有　盗版必究　举报电话：028-87600562

前　言

　　食品营养学是食品科学与预防医学相互融合，研究食品与人类健康关系的一门科学。随着人民生活水平的提高，人们对食品的追求已不再局限于解决温饱、享受美味，而是希望通过膳食预防疾病，促进健康。食品营养学就是在此背景下迅速发展起来的。

　　本书结合食品营养学、人体生理学、人体病理学、免疫学、生物化学和分子细胞生物学的前沿进展，简明扼要而系统地介绍了人体所需要的营养，每种营养的功能，人体免疫系统的组成、功能及人体免疫机理，营养成分与人体免疫的关系，提高人体免疫力的食品和方法；最后介绍了人体生长发育及衰老的机理，身高控制，延缓衰老的食品和方法。

　　作者根据自己的研究，提出了一些创新观点。例如，提出了矿物质对人体的功能非常重要，而且容易缺乏，是非常重要的营养。山区和岗地，由于地势较高，别的地方的水土（包含矿物质）不能流过来，本地土壤中的矿物质由于雨水的冲刷，随水土顺河流流到平原湖区，容易造成矿物质缺乏；而平原湖区地势低，千百年来由于洪水泛滥，经常被淹没，河流的水土沉积于此，而河流的水土汇集了河流的上游地区各地的水土，各地的矿物质在河流水中翻滚混合，非常均衡，所以其居民健康漂亮。矿物质钙最重要的功能在于作为钙调素的激活剂，能激活钙调素，调控人体多种代谢酶的活性，从而调控人体生长发育，而不仅仅是人体骨骼的主要组成成分。

　　由于食品营养学是一门新兴学科，目前国内已出版的教材和参考书很少，相关书籍或者只有理论介绍，没有或很少实践应用，或者只有简单应用，缺乏理论根据，难以使人信服。而本书较好地把理论和应用结合起来。把食品营养学中人体生长发育、人体免疫、疾病防治等内容与细胞、分子生物学前沿的进展结合起来，特别强调了糖尿病、痛风等现代慢性疾病的分子、细胞生物学机理，把深奥的理论与人们的生活实际结合起来，具有前沿性的特点；把理论和实践结合起来，具有适用性的特点。

　　本书适合食品科学与工程、食品质量与安全、生物科学等相关专业的本科生学习，也适合相关专业硕士/博士研究生及相关领域科研、生产人员参考。

　　由于编写时间仓促，加之编者水平有限，书中难免存在疏漏之处，敬请广大读者批评指正。

编　著　者

2018 年 4 月

目　录

绪　论

食品营养学是研究食品与人类健康关系的一门科学。研究内容包括人体所需要的营养，各种营养素的生理功能、缺乏或过量的危害，人体在正常情况下对各种营养素的需要量，各种营养素的主要食物来源，以及营养与人体健康、生长发育及常见疾病的关系。

一、食品营养学的发展历史

食品营养学的发展历史可追溯到5000年以前，人类从外界获取一定的食物，用于维持自己的生命和从事各种活动，并进一步选取某些食物作为药方，用以维护自己的身体健康。我国古代的"药食同源"之说认为药与食在养生保健作用上是相辅相成的，2000多年前《黄帝内经·素问》中提出"五谷为养、五果为助、五畜为益、五菜为充"的食物和养生的记载，即以谷物为主食，配以动物性食品，再加上果品的辅助、蔬菜的充实，这与现代营养学的膳食模式很相似，无疑是古代人们从长期实践中所总结的朴素的食品营养学说。

现代食品营养学的创立是随着生物化学、生理学、化学、农学以及食品科学等学科的发展，并通过医学家、营养学家和食品科学家等共同努力的结果。Antoine Laurent Lavoisier（1743—1794）开创了呼吸过程的性质和设计量热器的道路。然而，真正的现代营养学作为一门学科主要是20世纪的产物。在整个19世纪和20世纪初是发现和研究各种营养素的鼎盛时期，当时正值生物化学学科从生理学科中分离出来不久，而营养研究又是当时生化研究的重要部分（主要分析食物的组成成分）。今天的食品营养学随着其他各门学科的发展进一步地发展，特别是随着生物化学和分子生物学等的发展，食品营养学已经推进到了分子水平，从而把营养功能直接与物质代谢等联系起来。

现代食品营养学的发展在经历了对能量问题的认识之后，继而进一步研究并认识到碳水化合物、脂肪、蛋白质、维生素、矿物质的作用。而在20世纪60年代进一步对蛋白质进行了研究，并认为蛋白质缺乏是世界上最严重和普遍的营养问题。此后则从多方面研究、干预，并且突出与营养不良做斗争。近年来，人们对上述某些营养素的研究不断有更深入的认识。例如，对多不饱和脂肪酸特别是 n-3 系列的 α-亚麻酸及其在体内形成的二十碳五烯酸（EPA）和二十二碳六烯酸（DHA）的研究颇受重视，而 α-亚麻酸已被认为是人体必需脂肪酸。维生素 E、维生素 C 和 β-胡萝卜素以及微量元素硒等在体内的抗氧化作用及其作用机制的研究亦十分引人注目。更重要的是对膳食纤维以及某些植物化学物质（phytochemical）如有机硫化物、多酚、黄酮和异黄酮等非传统营养素进行的研究，并认识到它们对人体有益，特别是对人体某些慢性和非传染性疾病，如心血管病和某些癌症等有预防作用，从而将食品营养学对了解某些营养素在预防营养缺乏中所起的作用发展为既防止营养缺乏病又预防某些慢性疾病的发生。

特别值得一提的是，由于食品科学特别是食品加工业的迅速发展，以及人们对营养、健康的日益重视，许多食品加工生产中的营养、安全问题不断涌现。然而，对于食品生产加工中的营养问题却直到 20 世纪 80 年代才开始受到重视。食品加工对食品营养素和营养价值的影响，加工时食品中各营养素、非营养素和所添加的食品成分之间的反应还有待进一步研究，以便使食品加工在杀灭有害微生物、钝化酶和去除食品中的不利因素，将食品加工过程中的安全、卫生问题减到最小的同时，对食品的有益作用最大化。目前，食品营养学的发展正在由传统的研究"营养足够"向"营养最佳"方向发展，即通过食品获取足够营养的同时，强调食品可能具有的促进健康、防病和保健方面。

20 世纪 80 年代初，平衡膳食宝塔在美国及其他发达国家相继问世，对于指导人们摄入均衡的营养起到重要的指导作用。1982 年，伯格斯特龙、萨米尔松以及范恩由于发现花生四烯酸在体内的代谢产物前列腺素及其相关生物活性物质而共同获得诺贝尔生理学或医学奖，之后食品营养学的研究又重新引起各国政府的重视。近年来各国学者们都在重新思考平衡膳食宝塔，并在循证营养学的基础上进行了调整及修改。

在开展宏观营养研究的同时，营养学又逐渐向微观发展，如营养素的代谢、作用机制研究等。人类对营养素生理作用的认识经历了由整个机体水平向器官、组织、亚细胞结构及分子水平这样一个逐渐深入的过程。近 20 多年来，随着分子生物学理论与实验技术的渗透及应用，产生了分子营养学，研究营养素对基因表达的调控作用，遗传因素对营养素消化、吸收、分布、代谢和排泄的影响，探讨两者相互作用对生物体表型影响的规律，从而针对不同基因型或营养素对基因表达的特异调节作用，制订出营养素需要量和膳食指南，为预防和控制营养缺乏病提供可靠的依据。

20 世纪 90 年代，分子食品营养学开始发展，随着蛋白组学和基因组学的发展，食品营养学的研究进入分子水平。21 世纪后分子食品营养学进入快速发展期，营养基因组学问世，阐明了一些营养素和功能成分与基因的相互关系及作用机理，例如，硒可通过调节制造 GSH-Px 酶 mRNA 的稳定性来调节其基因的表达；决定个体对疾病易感程度的基因遗传以及可影响疾病发生的饮食、社会环境和体力活动。将来，只需分析基因组便可知预防下一代发生特殊疾病的基本饮食需求。

二、食品营养学的发展趋势

20 世纪末 21 世纪初，人类基因组计划完成之后，相继提出了环境基因组计划和食物基因组计划。食物基因组计划主要是找出那些能对膳食成分做出应答的基因及其多态性、与营养素代谢有关的突变基因。基因多态性决定了个体对营养素的敏感性不同，从而决定了个体之间对营养素需要量存在很大差异。随着营养素如何影响基因表达、特异基因或基因型如何决定营养素的需要量和营养素的利用等方面知识的丰富，我们可以知道我们的营养素需要类型，针对每一种基因型制订相应的营养素供给量建议。这种营养素推荐的摄食量（RDA），不仅考虑了年龄和性别的差异，而且更主要是考虑了基因型，即个体在营养素需要量上的特殊性。这种 RDA 将能促进那些对健康有利基因的表达，并对退行性疾病和死亡有关基因的表达有抑制作用。这就是分子营养学研究的重要意义和最终目的。我们坚信，21 世纪将是分子营养学蓬勃发展并大有作为的世纪。

第一章　人体组成与健康标准

第一节　人体的组成

人体是由细胞构成的。细胞是构成人体形态结构和功能的基本单位。形态相似和功能相关的细胞借助细胞间质结合起来，构成组织。几种组织结合起来，共同执行某一种特定功能，并具有一定形态特点，就构成了器官。若干个功能相关的器官联合起来，共同完成某一特定的连续性生理功能，就形成系统。人体由九大系统组成：运动系统、消化系统、呼吸系统、泌尿系统、生殖系统、内分泌系统、免疫系统、神经系统和循环系统。

一、运动系统

运动系统（motor system）由骨、关节和骨骼肌组成。全身各骨借关节相连形成骨骼，起支持体重[①]、保护内脏和维持人体基本形态的作用。骨骼肌附着于骨，在神经系统支配下收缩和舒张，收缩时，以关节为支点牵引骨改变位置，产生运动。骨和关节是运动系统的被动部分，骨骼肌是运动系统的主动部分。

二、消化系统

人体消化系统包括消化道和内消化腺，其组成如图 1-1 所示：

1. 消化道

口腔→咽→食道→胃→小肠→大肠→肛门

2. 消化道内的消化腺及其分泌的消化液

肠腺→肠液

胃腺→胃液

唾液腺→唾液

3. 消化道外的消化腺及其分泌的消化液

胰腺→胰液

肝脏→胆汁

---

① 实为质量，包括后文的重量、干重、鲜重等。但因为现阶段我国农林、食品等行业的生产和科研实践一直沿用，为使学生了解，熟悉行业实际，本书予以保留。——编者注

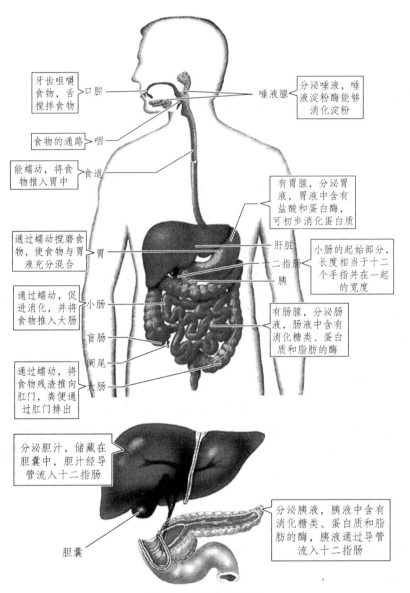

图 1-1　人体消化系统

消化道是指从口腔到肛门的管道，可分为口、咽、食道、胃、小肠、大肠和肛门。通常把从口腔到十二指肠的这部分管道称为上消化道。消化腺按体积大小和位置不同可分为大消化腺和小消化腺。大消化腺位于消化管外，如肝和胰。小消化腺位于消化管内黏膜层和黏膜下层，如胃腺和肠腺。

人是细胞外消化的。食物在消化道内，在各种消化酶的作用下消化食物。细胞外消化比细胞内消化优越：能消化细胞不能吞入的各种食物；有专门分泌酶的细胞；酶的种类多；消化腔的容积大。

三、呼吸系统

呼吸系统由呼吸道、肺血管、肺和呼吸肌组成。通常称鼻、咽、喉为上呼吸道，气管和各级支气管为下呼吸道。肺由实质组织和间质组成，前者包括支气管树和肺泡，后者包括结缔组织、血管、淋巴管和神经等。呼吸系统的主要功能是进行气体交换。

四、泌尿系统

泌尿系统由肾、输尿管、膀胱和尿道组成。其主要功能是排出机体新陈代谢中产生的废物和多余的液体，保持机体内环境的平衡和稳定。肾产生尿液，输尿管将尿液输送至膀胱，膀胱为储存尿液的器官，尿液经尿道排出体外。

五、生殖系统

生殖系统的功能是繁殖后代和形成并保持第二性特征。男性生殖系统和女性生殖系统都包括内生殖器和外生殖器两部分。内生殖器由生殖腺、生殖管道和附属腺组成，外生殖器以两性性交的器官为主。

六、内分泌系统

内分泌系统是一种整合性的调节机制，通过分泌特殊的化学物质来实现对有机体的控制与调节。内分泌系统（The endocrine system）由内分泌腺和分布于其他器官的内分泌细胞组成。内分泌腺是人体内一些无输出导管的腺体。同时它也是机体的重要调节系统，与神经系统相辅相成，共同调节机体的生长发育和各种代谢，维持内环境的稳定，并影响行为和控制生殖等。

七、免疫系统

免疫系统是人体抵御病原菌侵犯最重要的保卫系统。这个系统由免疫器官（骨髓、胸腺、脾脏、淋巴结、扁桃体、小肠集合淋巴结、阑尾、胸腺等）、免疫细胞[淋巴细胞、单核吞噬细胞、中性粒细胞、嗜碱粒细胞、嗜酸粒细胞、肥大细胞、血小板（因为血小板里有 IGG）等]，以及免疫分子（补体、免疫球蛋白、干扰素、白细胞介素、肿瘤坏死因子等细胞因子等）组成。免疫系统分为固有免疫和适应免疫，其中适应免疫又分为体液免疫和细胞免疫。

免疫系统（immune system）是防卫病原体入侵最有效的武器，它能发现并清除异物、外来病原微生物等引起内环境波动的因素。但其功能的亢进会对自身器官或组织产生伤害。

八、神经系统

神经系统是人体结构和功能最复杂的系统，由神经细胞组成，分为中枢神经系统和周围神经系统。中枢神经系统包括脑和脊髓，周围神经系统包括脑神经、脊神经和内脏神经。神经系统能协调体内各器官、各系统的活动，使之成为完整的整体，并与外界环境发生相互作用，维持机体与外环境的统一。

九、循环系统

循环系统是由人体的细胞外液（包括血浆、淋巴和组织液）及其借以循环流动的管道组成的系统。分心脏和血管两大部分，叫作心血管系统。循环系统是生物体内的运输系统，它将消化道吸收的营养物质和由肺吸进的氧输送到各组织器官，并将各组织器官的代谢产物通过同样的途径输入血液，经肺、肾排出（图 1-2）。它还输送热量到身体各部以保持体温，输送激素到靶器官以调节其功能。

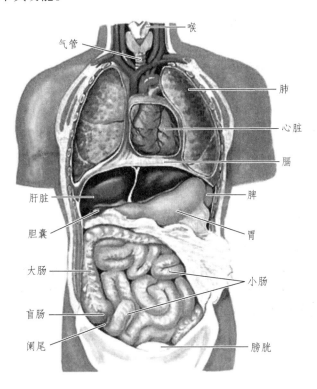

喉

气管

肺

心脏

膈

脾

胃

肝脏

胆囊

大肠

小肠

盲肠

阑尾

膀胱

图 1-2　人体内部结构

第二节　人体健康标准

一、人体健康标准

食品营养学的主要目的是促进人体的健康，那么，怎样才是健康的呢？

人不仅仅是生物体，而且是有复杂的心理活动，生活在一定的社会环境中的完整的人。人体健康包括身体健康和心理健康。身体健康一般指躯体健康，是指人体各系统功能正常并相互协调，在劳动、生活中所表现出的力量、速度、耐力、灵敏度、柔韧性等方面的能力，同时还能反映人体血液循环和新陈代谢的状况。例如，速度不仅表现动作快慢，它还影响到心率快慢；耐力应是指全身耐力、肌肉耐力和心肺耐力的综合，它反映人体的有氧代谢水平；关节及其周围组织（韧带、肌腱、肌肉与皮肤）的伸展性决定了柔韧性的好坏，可影响人体的协调性、动作幅度和肢体的灵活性；灵敏性反映大脑皮层的反应快慢，可在突发状况下迅速改变身体位置时表现出来，是身体素质的综合表现。

世界卫生组织（WHO）提出，健康是一种生理、心理与社会适应都臻于完美的状态，而不仅是没有疾病的状态，并进一步指出健康的新标准。

（1）有充沛的精力，能从容不迫地担负日常工作和生活，而不感到疲劳和紧张。

（2）处事乐观，态度积极，乐于承担责任，事无大小，不挑剔。

（3）精神饱满，情绪稳定，善于休息，睡眠良好。

（4）自我控制及应变能力强，善于排除干扰，能适应外界环境的各种变化。

（5）能够抵抗一般性感冒和传染病。

（6）体重适当，身体匀称，站立时，头、肩、臂位置协调。

（7）眼睛明亮，反应敏捷，眼睑不易发炎。

（8）牙齿清洁，无空洞，无痛感，无出血现象，牙龈颜色正常。

（9）头发有光泽，无头屑。

（10）肌肉和皮肤富有弹性，步伐轻松自如。

因此，健康是生理健康与心理健康的统一，二者是相互联系，密不可分的。当生理产生疾病时，其心理也必然受到影响，会情绪低落、烦躁不安、容易发怒，从而导致心理不适。因此，健全的心理有赖于健康的身体，而健康的身体有赖于健全的心理。

身体健康中的各项指标不是孤立存在的，而是相互制约、相互促进的整体。单项素质好不等于体质好。身体健康最终表现是：代谢快、力量强、免疫力强、长寿。人们常用"五快"来表示：

（1）吃得快：进食时有良好的胃口，不挑剔食物，能快速吃完一餐。说明内脏功能正常。

（2）走得快：行走自如，活动灵敏。说明精力充沛，身体状态良好。

（3）说得快：语言表达正确，说话流利。表示头脑敏捷，心肺功能正常。

（4）睡得快：有睡意，上床后能很快入睡，且睡得好，醒后精神饱满，头脑清醒。说明中枢神经系统兴奋、抑制功能协调，且内脏无病理信息干扰。

（5）便得快：一旦有便意，能很快排泄完大小便，且感觉良好。说明胃、肠、肾功能良好。

从我国传统医学角度看，一个人身体健康应具备如下生理特征：

（1）眼有神　目光炯炯有神，说明视觉器官与大脑皮层生理功能良好。中国医学认为，肾开窍于耳，肝开窍于目；而且为肝气所通，肝肾之气充足，则耳聪目明。眼睛是人体精气汇集之处，目光有神是心、肝、肾功能良好的表现。

（2）声息和　说话声音洪亮，呼吸从容不迫（呼吸 16～20 次/min），说明发音器官、语言中枢、呼吸以及循环系统的生理功能良好。中国医学认为声息和是正气内存的表现，正气充裕，邪不可干，就不容易得病。健康的老年人声音洪亮，呼吸均匀通畅。

（3）前门松　指小便顺畅，说明泌尿、生殖系统大体无恙。中国医学认为若小便淋沥不畅，可谓"膀胱气化失利"，表明泌尿或生殖系统功能有损。健康的老年人尿量每天 1 000～1 500 mL，每次 200～250 mL 左右，尿色清亮。

（4）后门紧　指肛门的约束力较强。中国医学认为进入老年，由于肾阳衰弱，脾阳虚导致中气下陷，脾脏和大肠传送运化失调，容易发生大便失常。但若多食少便或规律性的一两天大便一次，则说明肾、脾和大肠功能并未衰减。健康的老年人一般每天一次或两次大便，或隔日一次，大便淡黄色。

（5）形不丰　千金难买老来瘦，中老年人体形应偏瘦，始终保持标准体形。中老年人肥胖易容易引起"肥胖综合征"，即高血压、高血脂、冠心病、糖尿病、胆囊炎、胆石症等。在高血压、冠心病和糖尿病等疾病患者中，肥胖者的发病率明显高于体重正常者。

（6）牙齿坚　说明老年人肾精充足。中国医学认为："齿为骨之余，肾主骨生髓。"肾精充足，则牙齿坚固，自然多寿。如肾虚则骨败齿摇，同时，坚固的牙齿还是消化功能良好的保证。

（7）腰腿灵　人老腿先衰，人弱腰先病。腰灵腿便，说明其筋骨、经络及四肢关节皆很强健，肝、脾、肾尚实。因为肝主筋，脾主肉，肾主骨，肝好筋强，脾好肉丰，肾好骨硬。

（8）脉形小　血压不高，心率正常，即每分钟心跳次数保持在正常范围（60～80 次/min）。动脉血管硬化程度低，脉形就小。较小的脉形，说明其心脏功能强盛，气血两调。中国医学认为老年人多因肾水亏虚，肝阳偏亢，故脉常粗大而强。

二、影响身体健康的因素

决定身体健康最主要的因素是遗传，父母双方身体好者，其子女身体好的比例很高；父母双方一方身体好，一方较差的，子女身体好的比例也较高；父母双方身体较差的，子女身体好的比例较低。所以要想子女身体好，选择一个身体好的配偶非常重要。

除了遗传因素，人的心情、运动、生活习惯，特别是营养对人体健康有着巨大的影响，摄取富含营养的食品很重要。

第二章 食品的营养成分

第一节 碳水化合物

营养是人体组织细胞进行生长发育、修补更新组织，制造各种体液、调节新陈代谢、维持生理功能所必需的物质。

人体需要的营养有：碳水化合物、蛋白质、脂肪、维生素、矿物质和水六大类。

碳水化合物又称糖，由碳、氢、氧三种元素组成，由于它所含的氢氧的比例为二比一，和水一样，故称为碳水化合物，可用通式 $C_x(H_2O)y$ 来表示。化学结构是含有多羟基的醛类或酮类的化合物或经水解转化成为多羟基醛类或酮类的化合物。它与蛋白质、脂肪同为生物界三大基础物质，为生物的生长、运动、繁殖提供主要能源。它是人类生存发展必不可少的重要物质之一。

碳水化合物包括单糖（葡萄糖、果糖、半乳糖）、双糖（蔗糖、乳糖、麦芽糖）和多糖（纤维素、淀粉、糖元）。食物中的碳水化合物分成两类：人可以吸收利用的有效碳水化合物（如单糖、双糖、多糖）和人不能消化的无效碳水化合物如纤维素。

一、糖的消化和吸收（Digestion and absorption of carbohydrates）

食物中的糖类主要是植物淀粉（starch）和动物糖原（glycogen）两类可消化吸收的多糖、少量蔗糖（sucrose）、麦芽糖（maltose）、异麦芽糖（isomaltose）和乳糖（lactose）等寡糖或单糖。这些糖首先在口腔被唾液中的淀粉酶（α-amylase）部分水解 α-1，4 糖苷键（α-1,4-glycosidic bond），进而在小肠被胰液中的淀粉酶进一步水解生成麦芽糖，异麦芽糖和含 4 个糖基的临界糊精（α-dextrin），最终被小肠黏膜刷毛缘的麦芽糖酶（maltase）、乳糖酶（lactase）和蔗糖酶（sucrase）水解为葡萄糖（glucose）、果糖（fructose）、半乳糖（galactose），这些单糖可被小肠细胞吸收。此过程是一个主动耗能的过程，由特定载体完成，同时伴有 Na^+ 转运，不受胰岛素的调控。除上述糖类以外，由于人体内无 β-糖苷酶，食物中含有的纤维素（cellulose）无法被人体分解利用，但是其具有刺激肠蠕动等作用，对于身体健康也是必不可少的。临床上，有些患者由于缺乏乳糖酶等双糖酶，可导致食物中糖类消化吸收障碍而使未消化吸收的糖类进入大肠，被大肠中细菌分解产生 CO_2、H_2 等，引起腹胀、腹泻等症状。

二、碳水化合物的生理功能

（1）碳水化合物（糖）的主要功能是供给热能，是人体主要的能量营养素。每克碳水化合物产热 16.75 J。人体所需能量的 70%以上是由糖氧化分解供应的。

（2）构成细胞和组织：人体每个细胞都有碳水化合物，其含量为 2% ~ 10%，主要以糖脂、糖蛋白和蛋白多糖的形式存在，分布在细胞膜、细胞器膜、细胞质以及细胞间质中。如核糖和脱氧核糖是细胞中核酸的成分；糖与脂类形成的糖脂是组成神经组织与细胞膜的重要成分；糖与蛋白质结合的糖蛋白在细胞识别、信号传递中起重要作用。

（3）节省蛋白质：食物中碳水化合物不足，机体不得不动用蛋白质来满足机体活动所需的能量，这将影响机体蛋白质合成和组织更新。因此，若完全不吃主食，只吃肉类，因肉类中含碳水化合物很少，这样机体组织将用蛋白质产热。

（4）合成脂肪，影响脂肪代谢。如果细胞中储存的葡萄糖已饱和，多余的葡萄糖就会以高能的脂肪形式储存起来，多吃碳水化合物发胖就是这个道理！

（5）维持脑细胞的正常功能：葡萄糖是维持大脑正常功能的必需营养素，当血糖浓度下降时，脑组织可因缺乏能源而使脑细胞功能受损，出现头晕、心悸、出冷汗，甚至昏迷。

（6）解毒：糖类代谢可产生葡萄糖醛酸，葡萄糖醛酸与体内毒素（如胆红素）结合进而解毒。

（7）一些碳水化合物具有特殊的生理活性。例如：肝脏中的肝素有抗凝血作用；血型中的糖与免疫活性有关；核糖和脱氧核糖是遗传物质核酸的组成成分。

膳食中碳水化合物过少，可分解脂类供能，同时产生酮体，导致高酮酸血症，造成组织蛋白质分解以及阳离子的丢失等。使人出现头晕、心悸、全身无力、疲乏、脑功能障碍、血糖含量降低，严重者会导致低血糖昏迷。

当膳食中碳水化合物过多时，就会转化成脂肪储存于身体内，使人过于肥胖而导致高血脂、糖尿病等各类疾病。

三、碳水化合物的来源

膳食中碳水化合物的主要来源是植物性食物，如谷类、薯类、根茎类蔬菜和豆类。碳水化合物只有经过消化分解成葡萄糖、果糖和半乳糖才能被吸收，而果糖和半乳糖又经肝脏转换变成葡萄糖。血中的葡萄糖简称为血糖，少部分血糖直接被组织细胞利用，与氧气反应生成二氧化碳和水，放出热量供身体需要；大部分血糖则存在人体细胞中。有研究显示，某些碳水化合物含量丰富的食物会使人体血糖和胰岛素激增，从而引起肥胖，甚至导致糖尿病和心脏病。

世界卫生组织、联合国粮农组织及 2002 年重新修订的我国健康人群的碳水化合物供给量为总能量摄入的 55% ~ 65%。同时对碳水化合物的来源也做了要求，即应包括复合碳水化合物淀粉、不消化的抗性淀粉、非淀粉多糖和低聚糖等碳水化合物；限制纯能量食物如糖的摄入量，提倡摄入营养素/能量密度高的食物，以保障人体能量和营养素的需要及改善胃肠道环境和预防龋齿的需要。

每人每天应至少摄入 50 ~ 100 g 可消化的碳水化合物。碳水化合物的主要食物来源有：谷物（如水稻、小麦、玉米、大麦、燕麦、高粱等）、水果（如甘蔗、甜瓜、西瓜、香蕉、葡萄等）、干果类、干豆类、根茎蔬菜类（如胡萝卜、番薯等）等。

第二节　脂　类

脂类是由脂肪酸和醇作用生成的酯及其衍生物。脂类不溶于水而溶于乙醚、氯仿、苯等非极性有机溶剂，包括油脂（甘油三酯）和类脂。

脂肪是脂肪酸的甘油三酯，是由 1 分子甘油与 3 分子脂肪酸通过酯键相结合而成。人体内脂肪酸种类很多，生成甘油三酯时可有不同的排列组合，因此，甘油三酯具有多种形式。甘油三酯是人体中脂类的主要部分，日常食用的动植物油如猪油、菜油、豆油等均属于此类。

类脂包括磷脂（phospholipid）、糖脂（glycolipid）和胆固醇及其酯（cholesterolandcholesterolester）三大类。磷脂是含有磷酸的脂类，包括由甘油构成的甘油磷脂（phosphoglyceride）和由鞘氨醇构成的鞘磷脂（sphingomyelin）。糖脂是含有糖基的脂类。这三大类类脂是生物膜的主要组成成分，维持细胞正常结构与功能。此外，胆固醇还是维生素 D_3 以及类固醇激素合成的原料，对于调节机体脂类物质的吸收以及钙磷代谢等均起着重要作用。

一、脂类的主要功能

（1）脂肪是高度还原的能源物质，含氧很少，产热量高，每克脂肪产热 37.68 J，约为等量的蛋白质或碳水化合物的 2:2 倍。在人体内氧化后变成二氧化碳和水，放出热量并维持体温。由于脂肪疏水，可以大量储存，但脂肪的动员速度比亲水的糖要慢。脂肪不能给脑神经细胞以及血细胞提供能量。脂类以多种形式存在于人体的各种组织中，皮下脂肪为体内主要的储存脂肪。人体饥饿时首先动用脂肪供给热能，避免体内蛋白质的消耗，脂肪不是良好的导热体，皮下的脂肪组织构成保护身体的隔离层，有助于维持体温和御寒。

（2）磷脂是脂肪的一条脂肪酸链被含磷酸基的短链取代的产物，因为这条磷酸基链的存在，磷脂的亲水性比脂肪大，能够自发形成生物膜的骨架——磷脂双分子层，再加上一系列的蛋白质和多糖构成生物膜。磷脂是生物膜（细胞膜、内质网膜、线粒体膜、核膜、红细胞膜、神经髓鞘膜）的结构基础：细胞膜由磷脂 50% ~ 70%，胆固醇 20% ~ 30%蛋白质 20%组成。另外，卵磷脂是 β-羟丁酸脱氢酶的激活剂。

（3）胆固醇及其衍生物是重要的生物活性物质：胆固醇可在肝脏转化为胆汁酸排入小肠，胆汁酸可以乳化脂类食物而加速脂类食物的消化；7-脱氢胆固醇可在皮肤中（日光照射下）转化为维生素 D_3，然后在肝脏和肾脏的作用下形成 1, 25—$(OH)_2$—D_3，通过促进肠道和肾脏对钙磷的吸收使骨骼牙齿得以生长发育；胆固醇可在肾上腺皮质转化为肾上腺皮质激素；在性腺转化为性激素，进行信号传递。胆固醇也作为生物膜的结构成分，增强细胞膜的坚韧性。人体缺少胆固醇时，细胞膜就会遭到破坏，噬异变细胞——白细胞的活性减弱，不能有效地识别、杀伤和吞噬包括癌细胞在内的变异细胞，人体就会患癌症、抑郁症等疾病，而且易衰老。胆固醇又分为高密度胆固醇和低密度胆固醇两种，前者对心血管有保护作用，通常称之为"好胆固醇"；后者偏高，会造成动脉粥样硬化，而动脉粥样硬化又是冠心病、心肌梗死和脑猝死的主要因素，通常称之为"坏胆固醇"。

（4）促进脂溶性维生素等营养素的吸收。有些不溶于水而只溶于脂类的维生素如维生素A、D、E、K等，只有通过溶于脂肪中才能被吸收利用。因此，摄取脂肪，就能促进食物中的脂溶性维生素的吸收。

（5）参与信号识别和免疫。脂肪在体内还构成生物活性物质，如糖脂与蛋白质结合形成糖蛋白，在细胞识别、信号传递中起重要作用。

（6）供给必需脂肪酸。有些多不饱和脂肪酸是人体所不能合成的，如亚油酸、亚麻酸和花生四烯酸等，而它们又是人体所必需的，具有多种生理功能，只能从食物中摄取，因此，把它们叫作"必需脂肪酸"。动物实验证明，缺乏必需脂肪酸时，生长迟缓，体、尾出现鳞屑样皮炎。

二、脂类的消化和吸收

一般人每日从食物中消化的脂类中甘油三酯占到 90%以上，除此以外还有少量的磷脂、胆固醇酯和一些游离脂肪酸（freefattyacids）。由于口腔中没有消化脂类的酶，胃中虽有少量脂肪酶，但此酶只有在中性 pH 值时才有活性，在正常胃液中此酶几乎没有活性（但是婴儿时期，胃酸浓度低，胃中 pH 接近中性，脂肪尤其是乳脂可被部分消化），因此食物中的脂类在成人口腔和胃中不能被消化。脂类的消化及吸收主要在小肠中进行，首先在小肠上段，通过小肠蠕动，由胆汁中的胆汁酸盐使食物脂类乳化，使不溶于水的脂类分散成水包油的小胶体颗粒，增加了酶与脂类的接触面积，有利于脂类的消化及吸收。在形成的水油界面上，分泌入小肠的胰液中包含的酶类，开始对食物中的脂类进行消化，这些酶包括胰脂肪酶（pancreaticlipase）、辅脂酶（colipase）、胆固醇酯酶（pancreaticcholesterylesterhydrolaseorcholesterolesterase）和磷脂酶 A2（phospholipase A2）。食物中的脂肪乳化后，被胰脂肪酶水解甘油三酯的 1 和 3 位上的脂肪酸，生成 2-甘油一酯和脂肪酸。此反应需要辅脂酶协助，将脂肪酶吸附在水界面上，有利于胰脂酶发挥作用。食物中的磷脂被磷脂酶 A2 催化，在第 2 位上水解生成溶血磷脂和脂肪酸，胰腺分泌的是磷脂酶 A2 原，无活性，在肠道被胰蛋白酶水解，释放一个 6 肽后成为有活性的磷脂酶 A，催化上述反应。食物中的胆固醇酯被胆固醇酯酶水解，生成胆固醇及脂肪酸。食物中的脂类经上述胰液中酶类消化后，生成甘油一酯、脂肪酸、胆固醇及溶血磷脂等，这些产物极性明显增强，与胆汁乳化成混合微团（mixed micelles）。这种微团体积很小（直径 20 nm），极性较强，可被肠黏膜细胞吸收。

脂类的吸收主要在十二指肠下段和盲肠。甘油及中短链脂肪酸（$\leqslant C_{10}$）无需混合微团协助，直接吸收入小肠黏膜细胞后，进而通过门静脉进入血液。长链脂肪酸及其他脂类消化产物随微团吸收入小肠黏膜细胞。长链脂肪酸在脂酰 CoA 合成酶（fattyacyl CoA synthetase）催化下，生成脂酰 CoA，此反应消耗 ATP。脂酰 CoA 可在转酰基酶（acyltransferase）作用下，将甘油一酯、溶血磷脂和胆固醇酯化生成相应的甘油三酯、磷脂和胆固醇酯。体内具有多种转酰基酶，它们识别不同长度的脂肪酸催化特定酯化反应。这些反应可看成脂类的改造过程，在小肠黏膜细胞中，生成的甘油三酯、磷脂、胆固醇酯及少量胆固醇，与细胞内合成的载脂蛋白（apolipprotein）构成乳糜微粒（chylomicrons），通过淋巴最终进入血液，被其他细胞所利用。可见，食物中的脂类的吸收与糖的吸收不同，大部分脂类通过淋巴直接进入体循环，而不通过肝脏。因此食物中脂类主要被肝外组织利用，肝脏利用外源的脂类是很少的。

脂类的水解产物，如脂肪酸、甘油一酯和胆固醇等都不溶解于水。它们与胆汁中的胆盐形成水溶性微胶粒后，才能通过小肠黏膜表面的静水层而到达微绒毛上。在这里，脂肪酸、甘油一酯等从微胶粒中释出，它们通过脂质膜进入肠上皮细胞内，胆盐则回到肠腔。进入上皮细胞内的长链脂肪酸和甘油一酯，大部分重新合成甘油三酯，并与细胞中的载脂蛋白合成乳糜微粒，若干乳糜微粒包裹在一个囊泡内。当囊泡移行到细胞侧膜时，便以出胞作用的方式离开上皮细胞，进入淋巴循环，然后归入血液。中、短链甘油三酯水解产生的脂肪酸和甘油一酯是水溶性的，可直接进入门静脉而不入淋巴。

三、血浆脂蛋白组成和功能

血浆脂蛋白主要由蛋白质、甘油三酯、磷脂、胆固醇及其酯组成。游离脂肪酸与清蛋白结合而运输不属于血浆脂蛋白之列。乳糜微粒（CM）最大，含甘油三酯最多，蛋白质最少，故密度最小。极低密度脂蛋白（VLDL）含甘油三酯亦多，但其蛋白质含量高于 CM。低密度脂蛋白（LDL）含胆固醇及胆固醇酯最多。高密度脂蛋白（HDL）含蛋白质量最多。

1. 脂蛋白的结构

血浆各种脂蛋白具有大致相似的基本结构。疏水性较强的甘油三酯及胆固醇酯位于脂蛋白的内核，而载脂蛋白、磷脂及游离胆固醇等双性分子则以单分子层覆盖于脂蛋白表面，其非极性向朝内，与内部疏水性内核相连，其极性基团朝外，脂蛋白分子呈球状。CM 及 VLDL主要以甘油三酯为内核，LDL 及 HDL 则主要以胆固醇酯为内核。因脂蛋白分子朝向表面的极性基团亲水，增加了脂蛋白颗粒的亲水性，使其能均匀分散在血液中。从 CM 到 HDL，直径越来越小，故外层所占比例增加，所以 HDL 含载脂蛋白、磷脂最高。

2. 载脂蛋白

脂蛋白中的蛋白质部分称载脂蛋白，主要有 apo A、B、C、D、E 五类。不同脂蛋白含不同的载脂蛋白。载脂蛋白是双性分子，疏水性氨基酸组成非极性面，亲水性氨基酸为极性面，以其非极性面与疏水性的脂类核心相连，使脂蛋白的结构更稳定。

3. 代　谢

（1）乳糜微粒　主要功能是转运外源性甘油三酯及胆固醇。外源性甘油三酯消化吸收后，在小肠黏膜细胞内再合成甘油三酯、胆固醇，与载脂蛋白形成 CM，经淋巴入血运送到肝外组织中，在脂蛋白脂肪酶作用下，甘油三酯被水解，产物被肝外组织利用，CM 残粒被肝摄取利用。

（2）极低密度脂蛋白（VLDL）　是运输内源性甘油三酯的主要形式。肝细胞及小肠黏膜细胞自身合成的甘油三酯与载脂蛋白，胆固醇等形成 VLDL，分泌入血，在肝外组织脂肪酶作用下水解利用，水解过程中 VLDL 与 HDL 相互交换，VLDL 变成 LDL 被肝摄取代谢。

（3）低密度脂蛋白　人血浆中的 LDL 是由 VLDL 转变而来的，它是转运肝合成的内源性胆固醇的主要形式。肝是降解 LDL 的主要器官，肝及其他组织细胞膜表面存在 LDL 受体，可摄取 LDL，其中的胆固醇酯水解为游离胆固醇及脂肪酸，水解的游离胆固醇可抑制细胞本身胆固醇合成，减少细胞对 LDL 的进一步摄取，且促使游离胆固醇酯化在胞液中储存。此反应是在内质网脂酰 CoA 胆固醇脂酰转移酶（ACAT）催化下进行的。

除 LDL 受体途径外，血浆中的 LDL 还可被单核吞噬细胞系统清除。

（4）高密度脂蛋白　主要作用是逆向转运胆固醇，将胆固醇从肝外组织转运到肝代谢。新生 HDL 释放入血后经系列转化，将体内胆固醇及其酯不断从 CM、VLDL 转入 HDL，这其中起主要作用的是血浆卵磷脂胆固醇脂酰转移酶（LCAT），最后新生 HDL 变为成熟 HDL，成熟 HDL 与肝细胞膜 HDL 受体结合被摄取，其中的胆固醇合成胆汁酸或通过胆汁排出体外，如此可将外周组织中衰老细胞膜中的胆固醇转运至肝代谢并排出体外。

（5）高脂血症　血脂高于正常人上限即为高脂血症，表现为甘油三酯、胆固醇含量升高，表现在脂蛋白上，CM、VLDL、LDL 皆可升高，但 HDL 一般不增加。

四、酯类检验

1. 甘油三酯（TG）

甘油三酯（TG）正常参考值：0.3 ~ 1.7 mmol/L。甘油三酯升高与冠心病的发生有密切的关系。原发性高脂血症、肥胖症、动脉硬化、阻塞性黄疸、糖尿病、极度贫血、肾病综合征、胰腺炎、甲状腺功能减退、长期饥饿及高脂饮食后均可增高。饮酒后甘油三酯即刻升高。降低见于甲状腺功能亢进、肾上腺皮质功能减退，肝功能严重损伤等。

2. 总胆固醇（CHOL）

总胆固醇（CHOL）正常参考值：2.33 ~ 5.69 mmol/L。胆固醇增加见于动脉粥样硬化、肾病综合征、总胆固醇阻塞及黏液性水肿。在恶性贫血、溶血性贫血以及甲状腺功能亢进时，血清胆固醇含量降低。其他如感染、营养不良等情况下胆固醇总量常降低。

3. 高密度脂蛋白胆固醇（HDL-C）

高密度脂蛋白胆固醇（HDL-C）正常参考值：1.0 ~ 1.7 mmol/L。高密度脂蛋白降低可见于急慢性肝病，急性应急反应（心肌梗死、外科手术、损伤），糖尿病、甲状腺功能亢进或减低，慢性贫血等。

4. 低密度脂蛋白胆固醇（LDL-C）

低密度脂蛋白胆固醇（LDL-C）正常参考值：1.3 ~ 4.0 mmol/L。低密度脂蛋白胆固醇增高常见于高脂血症、低甲状腺素血症、肾病综合征、慢性肾功能衰竭、肝脏疾病、糖尿病综合征、动脉硬化症等。低密度脂蛋白胆固醇降低见于营养不良、骨髓瘤、急性心肌梗死、创伤、严重肝脏疾病、高甲状腺素血症等。

五、饱和脂肪酸和不饱和脂肪酸

脂肪是由 1 个甘油分子支架和连接在其支架上的 3 个分子的脂肪酸组成。不同脂肪甘油分子是相同的，而脂肪酸的种类和长短却各不相同，因此脂肪的性能和作用主要取决于脂肪酸。

根据脂肪酸双键的有无可分为两大类：饱和脂肪酸和不饱和脂肪酸。

饱和脂肪酸的主要来源是家畜和乳类的脂肪，以及热带植物油（如棕榈油、椰子油等），其主要作用是为人体提供能量，合成胆固醇和中性脂肪。如果饱和脂肪摄入不足，会使人的血管变脆，易引发脑出血、贫血，患肺结核和神经障碍等疾病。

不饱和脂肪酸包括单不饱和脂肪酸和多不饱和脂肪酸。根据双键离甲基的距离是 3 还是 6 个碳原子，又分为 ω-3 和 ω-6 不饱和脂肪酸。单不饱和脂肪酸主要是油酸，含单不饱和脂肪酸较多的油品为：橄榄油、芥花籽油、花生油等。它具有降低坏的胆固醇（LDL），提高好的胆固醇（HDL）比例，预防动脉硬化的作用。多不饱和脂肪酸主要是亚油酸、亚麻酸、花生四烯酸、二十碳五烯酸（Eicosa Pentaenoic Acid）、二十二碳六烯酸（Docosa Hexaenoic Acid，DHA，）等。含多不饱和脂肪酸较多的油有：玉米油、黄豆油、葵花油等等。人体除了从食物中摄取脂肪酸外，还能自身合成多种脂肪酸，称为非必需脂肪酸。但有些脂肪酸人体无法合成，只能从食物中摄取，称之为必需脂肪酸，如亚油酸、亚麻酸等。

必需脂肪酸（EFA）的生理功能如下：

（1）组成磷脂的重要成分。EFA 参与合成磷脂，并以磷脂形式出现在线粒体和细胞膜中。

（2）帮助胆固醇代谢。体内约 70%的胆固醇与脂肪酸结合成酯，才能被转运和代谢。例如：亚油酸+胆固醇→高密度脂蛋白（HDL）→在肝脏代谢分解→降血脂。

（3）合成前列腺素（PG）。PG 具有调解血液凝固、血管的扩张和收缩、神经刺激传导、生殖和分娩的正常进行、水代谢平衡等作用；母乳中 PG 可防止婴儿消化道损伤。

（4）维持正常视觉功能。α-亚麻酸合成的 DHA 在视网膜受体中含量丰富，是维持视紫红质的必需物质。

（5）修复皮肤。帮助因 X 射线、高温等因素受伤的皮肤修复。

必需脂肪酸的缺乏导致磷脂合成受阻，诱发脂肪肝，造成肝细胞脂肪浸润，胆固醇与饱和脂肪酸结合，形成低密度脂蛋白，造成胆固醇在血管内沉积，引发心血管疾病，前列腺素等的合成受阻。

1. 亚油酸（Linoleic acid）

亚油酸是 ω-6 系列多不饱和脂肪酸，具有改善高血压、预防心肌梗死、预防胆固醇过高造成的胆结石和动脉硬化的作用。但是，如果亚油酸摄取过多时，会引起过敏、衰老等病症，还会抑制免疫力、减弱人体的抵抗力，大量摄取时还会引发癌症。

2. α-亚麻酸（Linolenic acid）

α-亚麻酸（全顺式 9, 12, 15-十八碳三烯酸）和 EPA、DHA（都为 ω-3 系列多不饱和脂肪酸。

α-亚麻酸进入人体后，在 Δ6-脱氢酶和碳链延长酶的催化下，可以转化成 EPA、DHA 和三烯前列腺素（TXA3）。

HMG-COA 还原酶和脂肪酰辅酶 A 胆固醇脂肪转移酶（ACAT）是胆固醇合成的主要限速酶。α-亚麻酸能使 HMG-COA 还原酶活性降低，ACAT 活性升高，因而能增加类固醇分解，抑制内源性胆固醇合成，降低血清总胆固醇含量。α-亚麻酸能减少极低密度脂蛋白中的甘油三酯及载脂蛋白 B 的生物合成，降低血清甘油三酯。α-亚麻酸能抑制低密度脂蛋白的合成，抑制肝内皮细胞脂酶的活性从而抑制高密度脂蛋白的降解，所以能降低低密度脂蛋白水平，提高高密度脂蛋白水平，使血压降低，对于临界高血压是非常有效的，对于更高的血压或易产生出血性脑中风的状况也有一定疗效。

α-亚麻酸是人体合成前列腺素和前列腺环素的前体，前列腺素能抑制血管紧张素的合成，扩张血管，降低血管张力，降低高血压病人的收缩压和舒张压。前列腺环素可以扩张血管、抑制血小板凝集、改善血液循环；TXA2（血栓素 A2），是一种促进血液凝集的重要物质，α-亚麻酸在细胞膜磷脂中竞争环加氧酶和脂加氧酶，抑制 TXA2 的产生，并生成 TXA3。TXA3 可以提高环腺苷酸（cAMP）的浓度，cAMP 可使血小板内环氧化酶的活性下降，从而使 TXA2 生成减少，因而阻止血管收缩和血小板凝集。α-亚麻酸能改变血小板膜流动性，从而改变血小板对刺激的反应性及血小板表面受体数目。所以 α-亚麻酸抑制血栓性疾病，预防心肌梗死和脑梗死。

α-亚麻酸能使 T 淋巴细胞反应增强，具有抗炎作用。另外，α-亚麻酸能抑制产生过敏性的血小板活化因子的排放，从而调节过敏反应。当人体摄入过量的饱和脂肪酸时，体内Δ6-脱氢酶受到抑制，影响了 α-亚麻酸转化为具有重要生理功能的 EPA 和 DHA 的生成，导致各种疾病的发生。

3. 多不饱和脂肪酸（PUFA）

多不饱和脂肪酸（PUFA）中的二十碳五烯酸（EPA）、二十二碳六烯酸（DHA）、花生四烯酸（arachidonic acid）由必需脂肪酸亚油酸、亚麻酸合成，具有重要的生理作用：

（1）预防和治疗心血管疾病。 EPA 和 DHA 具有升高 HDL 和降低 LDL 作用；EPA 有抑制血小板形成，抗血栓等作用；DHA 具有抗心律失常作用。

（2）减少炎症性疾病，保护皮肤健康。

（3）DHA 是构成脑磷脂的必需脂肪酸，对神经的发育及维护、兴奋及递质的传导都起着有益的作用。

（4）花生四烯酸在人体中的重要功能在于合成 PG。

（5）EPA 和 DHA 具有抗癌作用。

许多研究证明：人体饱和脂肪酸和反式脂肪酸摄入过多是导致癌症、心脑血管病等许多疾病的直接原因。摄入过多的 ω-6 系列多不饱和脂肪酸会在人体内转变成促进肿瘤增大的 PGE2，而 ω-3 系列多不饱和脂肪酸抑制 PGE2 的产生，起到抑制肿瘤的作用。在肿瘤细胞内环氧酶 2（COX-2）活性较正常细胞高，增加了 PGE2 的合成，PGE2 诱导细胞增殖，并刺激 BLC-2 蛋白的表达，BLC-2 蛋白抑制细胞凋亡，促进肿瘤发生。PGE2 也能促进细胞外基质降解，产生血栓烷促进血小板聚集，有利于癌细胞的侵袭和转移。PLA2 促进磷脂释放花生四烯酸，进而在 COX-2 的作用下生成 PGE2，促进肿瘤发生、侵袭和转移。PI-PLC 催化磷脂酰肌醇产生 DAG 和 IP3，激活蛋白激酶 C，使多种蛋白磷酸化，增加细胞质 Ca^{2+} 浓度，促进细胞增殖。EPA 和 DHA 使磷脂酶 A2（PLA2）、磷脂酰肌醇磷脂酶 C（PI-PLC）以及 COX-2 活性降低，从而抑制肿瘤的发生。现在已经发现并分离出某些顽固的肿瘤所产生的，能导致癌症患者身体消瘦的一种物质——法奇非洛克因子，它利用脂肪供给肿瘤，促使肿瘤的生长，从而使患者身体消瘦。而 EPA 能够控制"法奇非洛克因子"的活动，从而控制癌症患者的消瘦，抑制肿瘤生长。DHA 能促进 T 淋巴细胞的增殖，提高细胞因子 TNF-α、IL-β、IL-6 的转录，提高免疫系统对肿瘤的杀伤能力，DHA 能下调 T 淋巴细胞表面死亡受体 Fas，使其凋亡减少，延长其抗肿瘤的时间。所以 EPA 和 DHA 与抗癌免疫有关。

（6）DHA 补脑健脑，提高视力。

DHA 是大脑、视网膜神经系统磷脂的主要成分，对婴幼儿智力和视力的发育有重要作用。它选择性地渗入大脑皮质、视网膜等重要器官中，参加到神经元细胞膜的磷脂中，构成乙醇胺磷脂和神经磷脂，使细胞膜呈液态、流动性更好、通透性增高，细胞活力增强。DHA 能促进脑细胞核酸、蛋白质及单胺类神经递质的合成，对于脑神经元、神经胶质细胞，神经传导突触的形成、生长、增殖、分化、成熟和神经传导网络的形成具有重要的作用。它能够增加大脑神经膜、突触前后膜的通透性，使神经信息传递通路畅通，提高神经反射能力，进而增强人的思维能力、记忆能力、应激能力，对于提高儿童智力和防止老年人大脑功能衰退都是必需的。DHA 对光刺激传递十分重要，可以活化衰落的视网膜细胞，对老花眼、视力模糊、青光眼、白内障等有防治作用。人体缺乏 DHA 将引起人体脂质代谢紊乱，大脑灰白质发育不良，视神经传导速度降低，引起健忘、疲劳、视力减退、免疫力降低，尤其是婴幼儿、青少年，如果缺乏 DHA，会严重影响其智力和视力的发育。

（7）EPA、DHA 降血脂、降血压、抗动脉粥样硬化。

EPA、DHA 抑制内源性胆固醇及甘油三酯的合成，促进血液中胆固醇、甘油三酯及低密度脂蛋白的代谢，降低血脂，从而降低动脉硬化因子——胆固醇、甘油三酯、低密度脂蛋白及极低密度脂蛋白水平，并且增加卵磷脂-胆固醇转移酶、脂蛋白脂酶的活性，抑制肝内皮细胞脂酶的活性，从而使抗动脉硬化因子——高密度脂蛋白升高。因此 EPA、DHA 具有抗动脉粥样硬化，防治心血管疾病的功能。EPA、DHA 抑制血小板聚集，延长凝血时间，使血小板减少及对肾上腺素敏感性降低，具有抗血栓作用，并能增加红细胞变形性，降低血液黏度，对正常人和高血压患者的收缩压和舒张压都有降低作用，而以收缩压降低更明显。

（8）抗炎作用。

EPA 能抑制中性粒细胞和单核细胞的 $5'$-脂合酶的活性，抑制 LTB4（具有强的收缩平滑肌与致炎作用）介导的中性白细胞机能，并通过降低白介素-1 的浓度而影响白介素的代谢，具有抗炎作用。

六、怎样摄取脂肪酸

脂类营养价值高的标准：

（1）脂肪的消化率高。

（2）必需脂肪酸的含量高。

（3）脂溶性维生素含量高。

（4）油脂的稳定性高。

植物油脂消化率大于动物油脂，植物油中含有较多的必需脂肪酸，椰子油例外；动物的心、肝、肾及血中含有较多的亚油酸和花生四烯酸。动物肝脏或奶和蛋中含有丰富的维生素 A 和维生素 D。植物油脂中含有丰富的维生素 E，是天然的抗氧化剂，有利于植物油的稳定，但植物油的不饱和脂肪酸含量高，容易被氧化。所以总的来说，植物油营养价值高。特别是植物油必需脂肪酸特别是 ω-3 系列多不饱和脂肪酸含量高，且具有重要的生理功能，但摄入过量的 ω-3 系列多不饱和脂肪酸会使血小板减少，出血时间延长，精液中前列腺减少，精子活力降低，甚至消失。ω-3 系列多不饱和脂肪酸双键，化学性质活泼，容易被氧化分解，产生丙二醛，使蛋白质交联，肌肉失去弹性，黑色素增多。氧化产生的自由基有致癌作用，脂类氧化物还可使心血管粥样硬化，损坏血管内壁，使之变脆，导致高血压和脑出血。在受热时氧化分解加快，因此在加工多不饱和脂肪酸的食品时，应避免其在空气中长期暴露或加热油炸。

世界卫生组织（WHO）与联合国粮农组织（FAO）郑重建议，食物中饱和脂肪酸、单不饱和脂肪酸、多不饱和脂肪酸之比应为 1：1：1，其中多不饱和脂肪酸中包括亚油酸和 α-亚麻酸，亚油酸虽然也是一种必需脂肪酸，但是人体的摄入量已经过剩了。亚油酸和 α-亚麻酸在人体内争夺同样的酶才能被转化，亚油酸吃得太多了，α-亚麻酸就得不到足够的酶进行转化。所以，必须控制亚油酸和 α-亚麻酸摄入量的比值，世界卫生组织推荐标准：ω-6、ω-3 之比应小于 6：1。但目前已严重偏离，达 25：1，甚至 30：1。如今各种含有 α-亚麻酸的食用调和油不断地投放市场，不但成为广大消费者生活中必需的食用油，而且还将成为预防心脑血管疾病的首选食疗油，在引导人们食用油的消费由营养型向健康型转变的过程中，势必引发人类食用油的一场新革命。

第三节　蛋白质

一、多肽及蛋白质

蛋白质是由 20 多种氨基酸以"脱水缩合"的方式组成的多肽链，经过盘曲折叠形成的具有一定空间结构的物质。蛋白质是组成人体一切细胞、组织的重要成分。是生命的物质基础，占人体重量的 16%～20%，人体内蛋白质的种类很多，性质、功能各异，但都是由 20 多种氨基酸（Amino acid）按不同比例组合而成的，并在体内不断进行代谢与更新。

氨基酸是组成蛋白质的基本单位，由碳、氢、氧、氮、硫等多种元素构成。

一个氨基酸的羧基与另一个氨基酸的氨基缩合，脱去一分子水形成的酰胺键即肽键（peptide bond）。两个或两个以上氨基酸通过肽键共价连接形成的聚合物被称为肽（peptide）。按其组成的氨基酸数目，肽分为二肽、三肽和四肽等，一般由 10 个以下氨基酸组成的肽称寡肽（oligopeptide），由 10 个以上氨基酸组成的肽称多肽（polypeptide）。肽链中的氨基酸已不是游离的氨基酸分子，因为其氨基和羧基在生成肽键中都被结合掉了，因此多肽和蛋白质分子中的氨基酸均称为氨基酸残基（amino acid residue）。

多肽有开链肽和环状肽。在人体内主要是开链肽。开链肽具有一个游离的氨基末端和一个游离的羧基末端，分别保留有游离的 α-氨基和 α-羧基，故又称为多肽链的 N 端（氨基端）和 C 端（羧基端）。书写时一般将 N 端写在分子的左边，并以此开始对多肽分子中的氨基酸残基依次编号，而将肽链的 C 端写在分子的右边。目前已有约 20 万种多肽和蛋白质分子中的氨基酸组成和排列顺序被测定了出来，其中不少具有重要的生理功能或药理作用。例如谷胱甘肽在红细胞中含量丰富，分子中谷氨酸是以其 γ-羧基与半胱氨酸的 α-氨基脱水缩合生成肽键。谷胱甘肽有还原型与氧化型两种，在细胞中可进行可逆的氧化还原反应，具有保护细胞膜结构及使细胞内酶蛋白处于还原、活性状态的功能。又如一些"脑肽"与人体的记忆、睡眠、食欲和行为都有密切关系，多肽已成为生物化学中引人瞩目的研究领域之一。

多肽和蛋白质的区别一方面是多肽中氨基酸残基数较蛋白质少，一般少于 50 个，而蛋白质大多由 100 个以上氨基酸残基组成，但它们之间在数量上也没有严格的分界线。除分子量外，现在还认为多肽一般没有严密并相对稳定的空间结构，其空间结构易变、具有可塑性，而蛋白质分子则具有相对严密、比较稳定的空间结构，这也是蛋白质发挥生理功能的基础。

二、蛋白质的消化和吸收

1. 消　化

胃中的消化：胃分泌的盐酸可使蛋白变性，容易消化，还可激活胃蛋白酶，胃蛋白酶可自催化激活，分解蛋白产生蛋白胨。胃的消化作用很重要，但不是必需的，胃全切除的人仍可消化蛋白。

肠是消化的主要场所。肠分泌的碳酸氢根可中和胃酸，为胰蛋白酶、糜蛋白酶、弹性蛋白酶、羧肽酶、氨肽酶等提供合适环境。肠激酶激活胰蛋白酶，再激活其他酶，所以胰蛋白酶起核心作用，胰液中有抑制其活性的小肽，防止在细胞中或导管中过早激活。外源蛋白在肠道分解为氨基酸和小肽，经特异的氨基酸、小肽转运系统进入肠上皮细胞，小肽再被氨肽酶、羧肽酶和二肽酶彻底水解，进入血液。所以饭后门静脉中只有氨基酸。

2. 氨基酸的吸收机制

蛋白质消化的终产物为氨基酸和小肽（主要为二肽、三肽），可被小肠黏膜所吸收。但小肽吸收进入小肠黏膜细胞后，即被胞质中的肽酶（二肽酶、三肽酶）水解成游离氨基酸，然后离开细胞进入血循环，因此门静脉血中几乎找不到小肽。

肠黏膜上皮细胞的黏膜面的细胞膜上有若干种特殊的运载蛋白（载体），能与某些氨基酸和 Na^+ 在不同位置上同时结合，结合后运载蛋白的构象发生改变，从而把膜外（肠腔内）氨基酸和 Na^+ 都转运入肠黏膜上皮细胞内。Na^+ 则被钠泵打出至胞外，造成黏膜面内外的 Na^+ 梯度，有利于肠腔中的 Na^+ 继续通过运载蛋白进入细胞内，同时带动氨基酸进入。因此肠黏膜上氨基酸的吸收是间接消耗 ATP，而直接的推动力是肠腔和肠黏膜细胞内 Na^+ 梯度的电位势。氨基酸的不断进入使得小肠黏膜上皮细胞内的氨基酸浓度高于毛细血管内，于是氨基酸通过浆膜面其相应的载体而转运至毛细血管血液内。黏膜面的氨基酸载体是 Na^+ 依赖的，而浆膜面的氨基酸载体则不依赖 Na^+。现已证实前者至少有 6 种，各对某些氨基酸起转运作用：① 中性氨基酸，短侧链或极性侧链（丝、苏、丙）载体。② 中性氨基酸，芳香族或疏水侧链（苯丙、酪、甲硫、缬、亮、异亮）载体。③ 亚氨基酸（脯、羟脯）载体。④ 氨基酸（丙氨酸、牛磺酸）载体。⑤ 碱性氨基酸和胱氨酸（赖、精、胱）载体。⑥ 酸性氨基酸（天、谷）载体。

肾小管对氨基酸的重吸收也是通过上述机制进行的。

1969 年 Meister 发现，小肠黏膜和肾小管还可通过 γ-谷氨酰基循环吸收氨基酸。谷胱甘肽在这一循环中起着重要作用。这也是一个主动运送氨基酸通过细胞膜的过程，氨基酸在进入细胞之前先在细胞膜上转肽酶的催化下，与细胞内的谷胱甘肽作用生成 γ-谷氨酰氨基酸并进入细胞质内，然后再经其他酶催化将氨基酸释放出来，同时使谷氨酸重新合成谷胱甘肽，进行下一次转运氨基酸的过程，因为氨基酸不能自由通过细胞质膜。

三、蛋白质的功能

蛋白质是构成人体的基本物质，生命的产生、存在和消亡，无一不与蛋白质有关，正如恩格斯所说："蛋白质是生命的物质基础，生命是蛋白质存在的一种形式。"如果人体内缺少蛋白质，轻者体质下降，发育迟缓，抵抗力减弱，贫血乏力，重者形成水肿，甚至危及生命。故有人称蛋白质为"生命的载体"。可以说，它是生命的第一要素。蛋白质的功能如下：

（1）蛋白质是一切生命的物质基础，占人体干重一半以上，人体任何一个细胞组织和器官都含有蛋白质，人体新组织的形成、外伤的痊愈都需要合成新的蛋白质。

（2）人体新陈代谢的全部化学反应离不开酶的催化作用，而所有的酶均由蛋白质构成。酶是人体物质代谢的催化剂，促进人体物质代谢，促进生长发育。有些促进青少年生长发育的激素，参与骨细胞分化、骨的形成、骨的再建和更新等过程的骨矿化结合素、骨钙素、碱性磷酸酶、人骨特异生长因子等物质，也均为蛋白质及其衍生物。所以，蛋白质是人体生长发育中最重要的化合物。

（3）人体抗体、补体、干扰素也是蛋白质，因此蛋白质能增强人体免疫能力。

（4）当糖类和脂肪摄入不足时，人体利用蛋白质提供能量。每克蛋白质可提供 16.75 J 的热能。

（5）蛋白质水解可以产生人体必需氨基酸，对人体的生长发育非常重要。

（6）载体蛋白可以在体内运载各种物质。比如红细胞中的血红蛋白运送氧气和二氧化碳、脂蛋白输送脂肪、转运蛋白运输离子和分子物质等。

（7）蛋白质作为肌肉的重要成分，肌肉收缩和舒张主要是由以肌球蛋白为主要成分的粗丝以及以肌动蛋白为主要成分的细丝相互滑动来完成的。

（8）蛋白质作为细胞接收信号的受体和细胞相互识别的物质，在信号传递、细胞识别中起重要作用。

（9）蛋白质还参与基因表达的调节，以及细胞中氧化还原、电子传递、神经传递乃至学习和记忆等多种生命活动过程。

蛋白质的缺乏常导致代谢率下降，对疾病抵抗力减退，儿童的生长发育迟缓、体质下降、淡漠、易激怒、贫血以及干瘦或水肿；男性一旦缺失蛋白质，会导致精子质量下降，精子活力降低以及精子不液化，造成男性不育。

蛋白质摄取过量会在体内转化成脂肪，造成脂肪堆积，血液的酸性提高，消耗大量的钙质。过多的动物蛋白摄入，造成含硫氨基酸摄入过多，加速骨骼中钙质的丢失，易产生骨质疏松。蛋白质摄取过量，过多的蛋白质将被脱氨分解，氮则由尿排出体外，这一过程需要大量水分，从而加重了肾脏的负荷。

四、氨基酸分类

现已发现的天然氨基酸有 300 多种，参与蛋白质组成的氨基酸共 20 种，叫基本氨基酸。它们是：甘氨酸、丙氨酸、缬氨酸、亮氨酸、异亮氨酸、苯丙氨酸、脯氨酸、色氨酸、丝氨酸、酪氨酸、半胱氨酸、蛋氨酸、天冬酰胺、谷氨酰胺、苏氨酸、天冬氨酸、谷氨酸、赖氨酸、精氨酸和组氨酸等。其中色氨酸、苏氨酸、蛋氨酸、缬氨酸、赖氨酸、亮氨酸、异亮氨酸和苯丙氨酸 8 种是人体不能合成的，必须由食物提供，叫作"必需氨基酸"。其他则是"非必需氨基酸"。组氨酸、精氨酸在人体内合成，但其合成速度不能满足身体需要，有人也把它们列为"必需氨基酸"。胱氨酸、酪氨酸、精氨酸、丝氨酸和甘氨酸在体内虽能合成，但其合成原料是必需氨基酸，长期缺乏可能引起生理功能障碍，而列为"半必需氨基酸"。某些蛋白质存在几种特殊的氨基酸，这些特殊氨基酸都是 20 种母体氨基酸掺入多肽链后经酶促修饰产生的，如 4-羟基脯氨酸、5-羟基赖氨酸、N-甲基赖氨酸、γ-羧基谷氨酸等。

五、氨基酸的一般功能

1. 蛋白质在机体内的消化和吸收是通过氨基酸来完成的

蛋白质是通过水解成氨基酸后被利用的。蛋白质在胃肠道中经过多种蛋白酶的作用，分解为低分子的多肽或氨基酸后，在小肠内被吸收，沿着肝门静脉进入肝脏。一部分氨基酸在肝脏内分解或合成蛋白质；另一部分氨基酸继续随血液分布到各个组织器官，合成各种特异性的组织蛋白质。在正常情况下，氨基酸进入血液中与其输出速度几乎相等，所以正常人血液中氨基酸含量相当恒定。如以氨基氮计，每百毫升血浆中含量为 4~6 mg，每百毫升血球中含量为 6.5~9.6 mg。饱餐蛋白质后，大量氨基酸被吸收，血中氨基酸水平暂时升高，经过 6~7 h 后，含量又恢复正常。说明体内氨基酸代谢处于动态平衡，以血液氨基酸为其平衡枢纽，肝脏是血液氨基酸的重要调节器。人体对蛋白质的需要实际上是对氨基酸的需要。

2. 合成组织蛋白质，起氮平衡作用

当每日膳食中蛋白质的质和量适宜时，摄入的氮量和由粪、尿和皮肤排出的氮量相等，称之为氮的总平衡，实际上是蛋白质和氨基酸之间不断合成与分解之间的平衡。正常人每日食进的蛋白质应保持在一定范围内，食入过量蛋白质，超出机体调节能力，平衡机制就会被破坏。完全不吃蛋白质，体内组织蛋白依然分解，持续出现负氮状况，如不及时采取措施纠正，终将导致机体死亡。

3. 转变为糖或脂肪

氨基酸分解代谢所产生的 α-酮酸，也可再合成新的氨基酸，或转变为糖或脂肪，或进入三羧酸循环，氧化分解成 CO_2 和 H_2O，并放出能量。

4. 参与构成酶、激素、抗体、部分维生素

酶、激素、维生素在调节生理机能、催化代谢过程中起着十分重要的作用。酶的化学本质是蛋白质（氨基酸分子构成），一些含氮激素的成分是蛋白质或其衍生物，如生长激素、促甲状腺激素、肾上腺素、胰岛素、促肠液激素等。有的维生素是由氨基酸转变或与蛋白质结合存在。

5. 促进物质代谢，产生能量

氨基酸在人体中不仅能氧化分解，产生能量，提供合成蛋白质的基本原料，而且对于促进生长，维持正常生命活动具有重要的作用。例如：精氨酸和瓜氨酸对尿素形成十分重要；胱氨酸摄入不足就会引起胰岛素减少，血糖升高。又如创伤后胱氨酸和精氨酸的需要量大增，如缺乏，即使热能充足仍不能顺利合成蛋白质。

6. 产生一碳单位

丝氨酸、色氨酸、组氨酸、甘氨酸分解代谢过程中产生含有一个碳原子的基团，包括甲基、

亚甲基、甲烯基、甲炔基、甲酰基及亚氨甲基等，另外蛋氨酸（甲硫氨酸）可通过 S-腺苷甲硫氨酸（SAM）提供"活性甲基"（一碳单位），然后以四氢叶酸为载体参与各种需要一碳单位的物质代谢。其中最重要的是作为嘌呤和嘧啶的合成原料，成为氨基酸和核苷酸联系的纽带。

六、特殊氨基酸的生理功能

氨基酸通过肽键连接起来成为肽与蛋白质，对生命活动具有举足轻重的作用。某些氨基酸还参与一些特殊的代谢反应，表现出特殊的生理功能。

1. 赖氨酸

由于我国是以大米、面粉等谷物类食品为主食，这类食物中 L-赖氨酸含量较低，且在加工过程中易被破坏，赖氨酸的缺乏会限制其他氨基酸的功能，故称赖氨酸为第一限制性氨基酸。

L-赖氨酸能增强记忆力，帮助产生抗体、提高免疫力，促进肠道钙的吸收，加速骨骼生长，对防治儿童骨骼生长发育不良、佝偻病有协同作用。大量实验证明，人体补足够的赖氨酸可以促进脑垂体生长激素的分泌，刺激胃蛋白酶与胃酸的分泌，增进食欲，促进幼儿生长与发育。加强骨细胞制造分泌活性因子如 ALP（骨碱性磷酸酶）、IGF-1（胰岛素样生长因子）、TGF-b（转移生长因子）、OC（osteocalcin 骨钙素）、NO（nitricoxide，一氧化氮）等。赖氨酸为合成肉碱提供结构组分，促进肉碱的合成，而肉碱能促进脂肪酸的代谢。缺乏赖氨酸，会造成胃液分泌不足，而出现厌食、营养性贫血，中枢神经发育受阻。赖氨酸在医药上还可作为利尿剂的辅助药物，治疗因血中氯化物减少而引起的铅中毒现象，还可与酸性药物（如水杨酸等）生成盐来减轻不良反应，与蛋氨酸合用则可抑制重症高血压病。

2. 蛋氨酸

蛋氨酸（甲硫氨酸）是含硫必需氨基酸，与生物体内各种含硫化合物的代谢密切相关。

蛋氨酸可通过 S-腺苷甲硫氨酸（SAM）提供"活性甲基"（一碳单位），对有毒物进行甲基化而起到解毒的作用，也可用于缓解砷、三氯甲烷、四氯化碳、苯、吡啶和喹啉等有害物质的毒性反应。

蛋氨酸是胱氨酸合成的原料，可通过甲基的转移参与体内磷的代谢和肾上腺素、胆碱和肌酸的合成。

缺乏蛋氨酸，会引起食欲减退、生长减缓、肾脏肿大和肝脏铁堆积等现象，最后导致肝坏死或纤维化。因此，蛋氨酸可用于防治慢性或急性肝炎、肝硬化等肝脏疾病。

3. 色氨酸

色氨酸可转化生成人体大脑中的重要神经传递物质——5-羟色胺，而 5-羟色胺有中和肾上腺素与去甲肾上腺素的作用，并可改善睡眠。当动物大脑中的 5-羟色胺含量降低时，会出现神经错乱、幻觉以及失眠等。此外，5-羟色胺有很强的血管收缩作用，可存在于许多组织，包括血小板和肠黏膜细胞中，受伤后的机体会通过释放 5-羟色胺来止血。医药上常将色氨酸用作抗闷剂、抗痉挛剂、胃分泌调节剂、胃黏膜保护剂和强抗昏迷剂等。

4. 缬氨酸、亮氨酸、异亮氨酸和苏氨酸

缬氨酸、亮氨酸与异亮氨酸均属支链氨基酸，同时都是必需氨基酸。当缬氨酸不足时，

大鼠中枢神经系统功能会发生紊乱，共济失调而出现四肢震颤。通过解剖切片脑组织，发现有红细胞核变性现象，晚期肝硬化病人因肝功能损害，易形成高胰岛素血症，致使血中支链氨基酸减少，支链氨基酸和芳香族氨基酸的比值由正常人的 3.0～3.5 降至 1.0～1.5，故常用缬氨酸等支链氨基酸的注射液治疗肝功能衰竭等疾病。此外，它也可作为加快创伤愈合的治疗剂。

亮氨酸可用于治疗小儿的突发性高血糖症，也可用作头晕治疗剂及营养滋补剂。异亮氨酸能治疗神经障碍、食欲减退和贫血，在肌肉蛋白质代谢中也极为重要。

苏氨酸参与脂肪代谢，苏氨酸缺乏时出现肝脂肪病变。

5. 天冬氨酸、天冬酰胺

天冬氨酸通过脱氨生成草酰乙酸而促进三羧酸循环，是三羧酸循环中的重要成分。天冬氨酸也与鸟氨酸循环密切相关，担负着使血液中的氨转变为尿素排泄出去的部分功能。同时，天冬氨酸还是合成乳清酸等核酸前体物质的原料。

通常将天冬氨酸制成钙、镁、钾或铁等的盐类后使用，因为这些金属在与天冬氨酸结合后，能通过主动运输透过细胞膜进入细胞内发挥作用。天冬氨酸钾盐与镁盐的混合物，可用于消除疲劳，临床上用来治疗心脏病、肝病、糖尿病等疾病。

癌细胞的增殖需要消耗大量某种特定的氨基酸，寻找这种氨基酸的类似物-代谢拮抗剂被认为是治疗癌症的一种有效手段。动物试验表明，天冬酰胺的类似物 S-氨甲酰基-半胱氨酸对白血病有明显的治疗效果。天冬酰胺酶能阻止需要天冬酰胺的癌细胞（白血病）的增殖。目前已试制的氨基酸类抗癌物有 10 多种，如 N-乙酰-L-苯丙氨酸、N-乙酰-L-缬氨酸等，其中有的对癌细胞的抑制率可高达 95%以上。

6. 胱氨酸、半胱氨酸

胱氨酸及半胱氨酸是含硫的非必需氨基酸，可降低人体对蛋氨酸的需要量。胱氨酸是形成皮肤不可缺少的物质，能加速烧伤伤口的康复及保护放射性损伤的部位，刺激红、白细胞的增加。

半胱氨酸所带的巯基（—SH）具有许多生理作用，可减轻有毒药物（酚、苯、萘、氰离子）的中毒程度，对放射线也有防治作用。由于巯基的作用，半胱氨酸的衍生物 N-乙酰-L-半胱氨酸，具有降低黏度的效果，可作为黏液溶解剂，用于防治支气管炎等咳痰的排出困难。此外，半胱氨酸能促进毛发的生长，可用于治疗秃发症。其他衍生物，如 L-半胱氨酸甲酯盐可用于治疗支气管炎、鼻黏膜渗出性发炎等。

7. 甘氨酸

甘氨酸是最简单的氨基酸，它可由丝氨酸失去一个碳而生成。甘氨酸参与嘌呤类、卟啉类、肌酸和乙醛酸的合成。甘氨酸可与种类繁多的物质结合，使之从胆汁或尿中排出。此外，甘氨酸能改进氨基酸注射液在体内的耐受性。将甘氨酸与谷氨酸、丙氨酸一起使用，对防治前列腺肥大并发症、排尿障碍、尿频、残尿等症状颇有效果。

8. 组氨酸

组氨酸对成人为非必需氨酸，但对幼儿却为必需氨基酸。在慢性尿毒症患者的膳食中添加少量的组氨酸，氨基酸结合进入血红蛋白的速度增加，肾原性贫血减轻，所以组氨酸也是尿毒症患者的必需氨基酸。

组氨酸的咪唑基能与 Fe^{2+} 和其他金属离子形成配位化合物，促进铁的吸收，因而可用于防治贫血。组氨酸能降低胃液酸度，缓和胃肠手术的疼痛，减轻妊娠期呕吐及胃部灼热感，抑制由自主神经紧张而引起的消化道溃烂，对过敏性疾病，如哮喘等也有疗效。此外，组氨酸可扩张血管，降低血压，临床上用于心绞痛、心功能不全等疾病的治疗。类风湿性关节炎患者血中组氨酸含量显著减少，使用组氨酸后发现其握力、走路与血沉等指标均有好转。

组氨酸在组氨酸脱羧酶的作用下，脱羧形成组胺。组胺具有很强的血管舒张作用，并与多种变态反应及发炎有关。此外，组胺会刺激胃蛋白酶与胃酸的分泌。

9. 谷氨酸、谷氨酰胺

谷氨酸、天冬氨酸是哺乳动物中枢神经系统含量最高的氨基酸，具有兴奋递质作用，其兴奋作用仅限于中枢。当谷氨酸含量达 9% 时，只要增加 10~15 mol 谷氨酸就可对皮层神经元产生兴奋性影响。因此，谷氨酸对改进和维持脑功能必不可少。

临床上用谷氨酸的多种衍生物，如二甲基氨乙醇乙酰谷氨酸治疗因大脑血管障碍而引起的运动障碍、记忆障碍和脑炎等。谷氨酸经谷氨酸脱羧酶的脱羧作用而形成 γ-氨基丁酸，是存在于脑组织中的一种具有抑制中枢神经兴奋作用的物质，对记忆障碍、言语障碍、麻痹和高血压等有效。

谷氨酸与天冬氨酸一样，也与三羧酸循环有密切的关系，可用于治疗肝昏迷等症。谷氨酸的酰胺衍生物——谷氨酰胺能把氨基转移到葡萄糖上，生成消化器官黏膜上皮组织黏蛋白的组成成分葡萄糖胺，对治疗胃溃疡有明显的效果。

谷氨酰胺能强化免疫系统，是近年来日益受到重视的免疫营养素之一。服用谷氨酰胺，体内生长素的分泌出现瞬时性增长，促进身体增高。谷氨酰胺为早产儿的条件必需氨基酸，对孕妇有一定的益处。有报道证实羊水中谷氨酰胺含量较高，相信它作为出生体重较轻的婴儿的营养补充剂是安全、有效的。

10. 丝氨酸、丙氨酸与脯氨酸

丝氨酸是合成嘌呤、胸腺嘧啶与胆碱的前体，丙氨酸通过脱氨生成酮酸，按照葡萄糖代谢途径生成糖。羟脯氨酸是胶原的组成成分之一。脯氨酸、羟脯氨酸浓度不平衡会造成牙齿、软骨及韧带组织的韧性减弱。脯氨酸衍生物和利尿剂配合，具有抗高血压作用。

11. 精氨酸

精氨酸是鸟氨酸循环中的一个组成成分，可以增加肝脏中精氨酸酶的活性，有助于将血液中的氨转变为尿素排泄出去。对高氨血症、肝脏机能障碍等疾病颇有帮助。

精氨酸具有免疫调节功能，增加胸腺的重量，防止胸腺退化（尤其是受伤后的退化），促进胸腺中淋巴细胞的生长，活化吞噬细胞酶系统，增加吞噬细胞的活力，杀死肿瘤细胞或细菌等靶细胞，降低肿瘤的转移率。吞噬细胞利用 L-精氨酸生成的 NO 来抑制细胞生长或细胞毒性作用，以抵抗真菌、细菌和寄生虫。

精氨酸还能有效减低抑长素（Somatostatin）的分泌，从而提高生长激素 GH 的产生，口服精氨酸能明显促进小孩垂体释放生长激素。

精氨酸是一种双氨基氨基酸，对成人来说虽然不是必需氨基酸，但在严重应激情况下，如果缺乏精氨酸，机体便不能维持正常氮平衡，导致血氨过高，甚至昏迷。精氨酸对先天性缺乏尿素循环的某些酶的婴儿是必需的。

精氨酸能促进胶原组织的合成，促进伤口周围的微循环而促使伤口早日痊愈。在伤口分泌液中精氨酸酶活性的升高，表明伤口附近的精氨酸需要量大增。

七、氨基酸在医疗中的应用

氨基酸在医药上主要用来制备复方氨基酸输液，也用作治疗药物。目前用作药物的氨基酸有一百几十种，其中包括构成蛋白质的氨基酸 20 种和非蛋白质的氨基酸 100 多种。

谷氨酸、精氨酸、天门冬氨酸、胱氨酸、L-多巴等氨基酸可以单独治疗一些疾病，如肝脏疾病、消化道疾病、脑病、心血管病、呼吸道疾病，以及用于提高肌肉活力、儿科营养和解毒等。此外氨基酸衍生物在癌症治疗上出现了希望。

八、如何摄取蛋白质

首先，要保证有足够数量和质量的蛋白质食物。根据营养学家研究，一个成年人每天通过新陈代谢大约要更新 300 g 以上蛋白质，其中 3/4 来源于机体代谢中产生的氨基酸，这些氨基酸的再利用大大减少了需补给蛋白质的数量。一般来说，一个成年人每天摄入 60～80 g 蛋白质，基本上已能满足需要。

其次，各种食物合理搭配是一种既经济实惠，又能有效提高蛋白质营养价值的有效方法。每天食用的蛋白质最好有/3 来自动物蛋白质，2/3 来源于植物蛋白质. 我国人民有食用混合食品的习惯，把几种营养价值较低的蛋白质混合食用，其中的氨基酸相互补充，可以显著提高营养价值。例如，谷类蛋白质含赖氨酸较少，而含蛋氨酸较多；豆类蛋白质含赖氨酸较多，而含蛋氨酸较少，这两类蛋白质混合食用时，必需氨基酸相互补充，接近人体需要，营养价值大为提高。

第三，食用蛋白质要以足够的热量供应为前提。如果热量供应不足，肌体将消耗食物中的蛋白质作为能源。每克蛋白质在体内氧化时提供的热量是 18 kJ，与葡萄糖相当。

蛋白质供给量应根据年龄、生活及劳动环境而定。如以摄入植物性蛋白为主，可酌情增量。一般来说，18～40 岁成年男性，体重以 60 kg 计，每日蛋白质的供给量应为 70～105 g；18～40 岁的成年女性，体重以 53 kg 计，每日蛋白质的供给量应为 60～85 g。

判断蛋白质的优劣有三点：

（1）蛋白质被人体消化、吸收得越彻底，其营养价值就越高。整粒大豆由于含有蛋白酶抑制剂，抑制人体对其蛋白质的消化，其消化、吸收率为 60%，做成豆腐、豆浆后其蛋白酶抑制剂变性或被破坏，其消化、吸收率提高到 90%。其他蛋白质在煮熟后消化、吸收率也能提高，如乳类为 98%，肉类为 93%，蛋类为 98%，米饭为 82%。

（2）被人体吸收后的蛋白质，由于其氨基酸与人体蛋白质组成不同，利用的程度有高有低，利用程度越高，其营养价值也越高。利用的程度高低，叫蛋白质的生理价值。常用食物蛋白质的生理价值是：鸡蛋 94%，牛奶 85%，鱼肉 83%，虾 77%，牛肉 76%，大米 77%，白菜 76%，小麦 67%。动物蛋白质由于其氨基酸与人体蛋白质组成接近，其生理价值一般比植物蛋白质高。

（3）看蛋白质所含必需氨基酸是否丰富，种类是否齐全，比例是否适当。种类齐全，数量充足，比例适当，叫完全蛋白质，如动物蛋白质和豆类蛋白质。种类齐全，但比例不适当，叫半完全蛋白质，在谷物中含量较多。种类不全，叫不完全蛋白质，如肉皮中的胶质蛋白。将两种以上的食物混合食用，使含的氨基酸相互补充，能更好适合人体的需求。

动物性蛋白食物如猪、牛、羊的肉、肝、腰子、鸡、鸭、鱼、虾、蟹、鸡蛋、鸭蛋、牛奶、羊奶等的生理价值高，其中蛋类、牛奶的蛋白质最容易消化，氨基酸齐全，也不易引起痛风，是所有蛋白质食物中品质最好的。

蛋类含蛋白质 11%～14%，是优质蛋白质的重要来源。蛋黄蛋白质含量略高于蛋白，但蛋黄含大量油脂，平时的蛋黄看不出有油脂，但把它放在微波炉中一烤，就会发现流出大量的油，在咸蛋的蛋黄中也可看得到蛋黄的油脂。蛋黄的热量是蛋白的 6 倍，所以蛋黄也是高热量食物，是减肥的人需要节制的食物。一个蛋黄可含高达 300 mg 的胆固醇，即使是心脏没有病的人，也不宜多吃，而蛋白的胆固醇含量是 0。

牛奶蛋白质含量高，品质好，一般含蛋白质 3.0%～3.5%，还可含有丰富的钙质，是婴幼儿蛋白质的最佳来源。脱脂奶粉的含钙量最高，油脂含量几乎没有，故脱脂奶粉泡成的牛奶，是成年人保持苗条身材的最佳蛋白质和钙的来源。

肉类包括禽、畜和鱼的肌肉。新鲜肌肉含蛋白质 15%～22%，肌肉蛋白质营养价值优于植物蛋白质，是人体蛋白质的重要来源。

植物蛋白质中，谷类含蛋白质 10%左右，蛋白质含量不算高，但由于是人们的主食，所以仍然是膳食蛋白质的主要来源。植物性食物如大豆、青豆、黑豆、豆腐、豆浆、花生、核桃、榛子、瓜子等蛋白质含量较高，价格比较便宜，其中最好的是大豆，含 30%的蛋白质，氨基酸组成也比较合理，在体内的利用率较高，是植物蛋白质中非常好的蛋白质来源。豆制品可降胆固醇，大豆含有丰富的异黄酮，异黄酮是一种类似荷尔蒙的化合物，可抑制因荷尔蒙失调所引发的肿瘤细胞的生长，是物美价廉的食物。但大豆异黄酮具有雌激素的活性，会抵消雄激素，男人不能吃得过多，否则会导致男人性能力降低，甚至不育。

蛋白质的主要来源是肉、蛋、奶和豆类食品，一般而言，动物的蛋白质有较高的品质，含有充足的必需氨基酸。植物蛋白质除黄豆外大多缺少赖氨酸，豆类蛋白质又缺少蛋氨酸和胱氨酸。若是体内有一种必需氨基酸不足，就无法合成充分的蛋白质供给身体各组织使用，其他过剩的氨基酸也会被身体代谢而浪费掉，所以要确保足够的必需氨基酸摄取，饮食中应该动、植物蛋白质相互搭配，也即荤素搭配，才能增强体质。

利用几种廉价的食物混合在一起，提高蛋白质在身体里的利用率，例如，单纯食用玉米的生物价值为 60%、小麦为 67%、黄豆为 64%，若把这三种食物按比例混合后食用，则蛋白质的利用率可达 77%。

第四节　维生素

人体有如一座极为复杂的化工厂，不断地进行着各种生化反应。其反应与酶的催化作用有密切关系。许多酶必须有辅酶参加才有活性。维生素也称维他命，其化学本质为低分子有机化合物，可作为酶的辅酶或辅基，调控酶的活性，从而调控人体的生长发育，是维持人体新陈代谢和生理功能不可缺少的一类营养，被称为"维持生命的营养素"。它们不能在人体内合成，或者所合成的量难以满足机体的需要，必须由食物供给。如果长期缺乏某种维生素，就会导致疾病。

一、维生素的特点

（1）外源性：人体自身不可合成（维生素 D 人体可以少量合成，但不能满足需要，仍被当成维生素），需要通过食物补充；

（2）微量性：人体所需量很少，但是可以发挥巨大作用；

（3）调节性：维生素能够调节人体新陈代谢或能量转变；

（4）特异性：缺乏了某种维生素后，人将呈现特有的病态。

二、维生素的种类

维生素的种类很多，通常按其溶解性分为脂溶性维生素和水溶性维生素两大类。前者有 A、D、E、K，不溶于水，而溶于脂肪及脂溶剂中，在食物中与脂类共同存在，在肠道吸收时与脂类吸收密切相关。当脂类吸收不良时，如胆道梗阻或长期腹泻，它们的吸收大为减少，甚至会引起缺乏症。脂溶性维生素排泄效率低，故摄入过多时可在体内蓄积，产生有害作用，甚至发生中毒。

水溶性维生素包括 B 族维生素（B_1、B_2、B_6、B_{12}、PP）和抗坏血酸——维生素 C 等。水溶性维生素溶于水，不溶于脂肪及有机溶剂，容易从尿中排出体外，且排出效率高，一般不会产生蓄积和毒害作用。

三、脂溶性维生素

（一）维生素 A（视黄醇类）

维生素 A（结构如下）并不是单一的化合物，而是一系列视黄醇的衍生物，别称抗干眼病维生素。我国古代《巢氏病源》提到"人有昼而晴明，至暝则不见物"的病，并且提出了吃猪肝可治此症。其原因是维生素 A 缺乏而致夜盲症，而肝脏中含有较多的维生素 A，故吃猪肝可以治夜盲症。

1. 维生素 A 的功能

（1）维持正常视觉功能，预防夜盲症。眼视网膜中的杆状细胞和锥状细胞都存在感光色素，即感弱光的视紫红质和感强光的视紫蓝质。视紫红质与视紫蓝质都是由视蛋白与视黄醛所构成的。视紫红质经光照射后，11-顺视黄醛异构成反视黄醛，并与视蛋白分离，若进入暗处，不能见物。

分离后的反式视黄醛进一步转变为反式视黄酯（或异构为顺式）并储存于色素上皮中，由视黄酯水解酶水解为反式视黄醇，经氧化和异构化，形成 11-顺视黄醛，再与视蛋白重新结合为视紫红质，运送至视网膜，参与视网膜的光化学反应，恢复对弱光的敏感性，从而能在一定照度的暗处见物，此过程称暗适应（Dark Adaptation）。若维生素 A 充足，则视紫红质的再生快而完全，故暗适应恢复时间短；若维生素 A 不足，则视紫红质再生慢而不完全，故暗适应恢复时间延长，严重时可产生夜盲症（Night Blindness）。

（2）维生素 A 可参与糖蛋白的合成，对于呼吸道、消化道、泌尿道及性腺等器官上皮细胞组织的正常形成及保持黏膜湿润和完整，防止病毒、细菌感染十分重要。当维生素 A 不足或缺乏时，可导致糖蛋白合成中间体的异常，引起上皮基底层增生变厚，表层细胞变扁、不规则、干燥等。呼吸道、消化道、泌尿道、生殖系统内膜角质化，削弱了防止细菌侵袭的天然屏障（结构）而易于感染。

最新研究表明，免疫球蛋白是一种糖蛋白，维生素 A 能促进该蛋白的合成，增加绵羊红细胞或蛋白质免疫小鼠的脾脏 PFC 数目，增强非 T 细胞依赖抗原所导致抗体的产生，还可增强人外周血淋巴细胞对 PHA 反应和 NK 细胞活性，提高巨噬细胞活性，刺激 T 细胞增殖和 IL 2 产生，增强免疫系统功能。

（3）维持骨骼、牙齿正常生长。维生素 A 促进蛋白质的合成和骨细胞的分化。当其缺乏时，成骨细胞与破骨细胞间平衡被破坏，或由于成骨活动增强而使骨质过度增殖。

（4）维生素 A 有助于细胞增殖，促进机体成长。动物缺乏维生素 A 时，食欲降低及蛋白利用率下降，生长停滞，影响雄性动物精索上皮产生精母细胞，影响雌性阴道上皮周期变化，也影响胎盘上皮，使胚胎形成受阻，还引起催化黄体酮前体形成所需要的酶的活性降低，使肾上腺、生殖腺及胎盘中类固醇的产生减少，影响生殖功能。孕妇缺乏维生素 A 时会直接影响胎儿发育，甚至死亡。

（5）抑制肿瘤生长。维生素 A（视黄酸）类物质有防止化学致癌剂的作用，延缓或阻止癌前病变，特别是对于上皮组织肿瘤有辅助治疗的效果。

（6）抗衰老，去皱纹。维生素 A 是一种抗氧化剂，保护细胞免受自由基的侵害，防止脂质过氧化，调节表皮及角质层新陈代谢，可以抗衰老，去皱纹。在化妆品中用作营养成分添加剂，能防止皮肤粗糙。氧化型 LDL 会导致血管上皮细胞的损伤，从而加速脂质在损伤部位的沉积形成斑块，以至阻塞血管，引发阻塞性动脉粥样硬化等疾病。维生素 A 阻止 LDL 被氧化形成氧化型 LDL，而能防治阻塞性动脉粥样硬化、冠心病、中风等多种老年性疾病。

（7）维生素 A 调节甲状腺功能，有助于对肺气肿、甲状腺功能亢进症的治疗。

2. 维生素 A 的吸收与代谢

维生素 A 极易吸收，主要在肝脏中储存，几乎全部在体内被代谢，β-胡萝卜素是维生素 A 的前体，在动物肠黏膜内可转化为活性维生素 A，主要经由尿、粪排泄，而乳汁中仅有少量排泄。

小肠中的胆汁，是维生素 A 乳化所必需的，足量膳食脂肪可促进维生素 A 的吸收，抗氧化剂，如维生素 E 和卵磷脂等有利于其吸收。服用矿物油及肠道寄生虫不利于维生素 A 的吸收。

维生素 C 对维生素 A 有破坏作用。尤其是大量服用维生素 C 以后，会促进体内维生素 A 的排泄。

维生素 A 与维生素 B、维生素 D、E、钙、磷和锌配合使用时，能充分发挥其功效（必须有锌才能把贮藏在肝脏里的维生素 A 释放出来）。正在服用降胆固醇的药物如降胆敏（Questran、Cholestyramine）时，对维生素 A 的吸收就会减低。

3. 维生素 A 的需求量

成人每天维生素 A 的需求量是 0.8 mg。长期过量摄入维生素 A，会导致骨质疏松、食欲不振、皮肤干燥、头发脱落、骨骼和关节疼痛，甚至引起流产。

维生素 A 在蛋黄、奶油、排骨、动物的肝脏中含量丰富；在绿色蔬菜如：菠菜、胡萝卜、西红柿、南瓜、杏、红辣椒中含量较高。有色蔬菜中的胡萝卜素经吸收后可转化为维生素 A。

（二）维生素 D

维生素 D 是一族 A、B、C、D 环结构相同，但侧链不同的一类复合物的总称，A、B、C、D 环的结构来源于类固醇的环戊烷多氢菲环结构，目前已知的维生素 D 至少有 10 种，但最重要的是维生素 D_2（麦角骨化醇）和维生素 D_3（胆钙化醇）（结构如下）。

维生素 D_2 是紫外线照射植物中的麦角固醇产生，在自然界存在较少。维生素 D_3 则由大多数高级动物的表皮和真皮内含有的 7-脱氢胆固醇，经紫外线（波长 265～228 nm）照射转变而成。维生素 D_3 是生物活性最高的一种维生素 D。维生素 D 主要指维生素 D_3，如果人体接受阳光直射皮肤 4～6 h，自身合成的维生素 D_3 就基本能满足人体需要。

维生素 D_3 是脂溶性的，不溶于水，只能溶解在脂肪或脂肪溶剂中，在中性及碱性溶液中能耐高温和氧化，但在酸性条件下则逐渐分解破坏。一般食物烹调过程中不会损失，但脂肪酸败时可以引起维生素 D_3 的破坏。

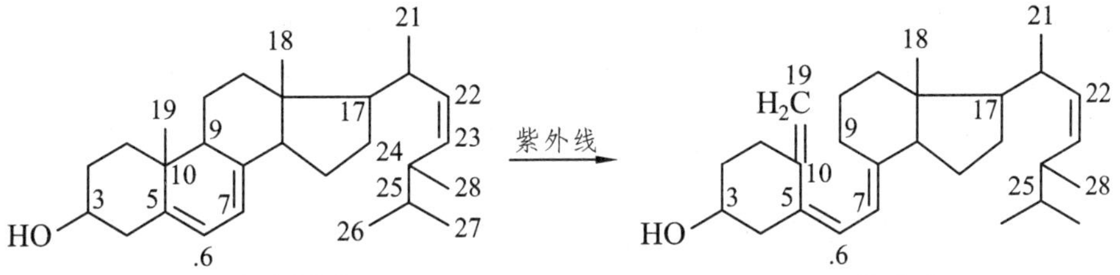

麦角固醇　紫外线　维生素 D_2

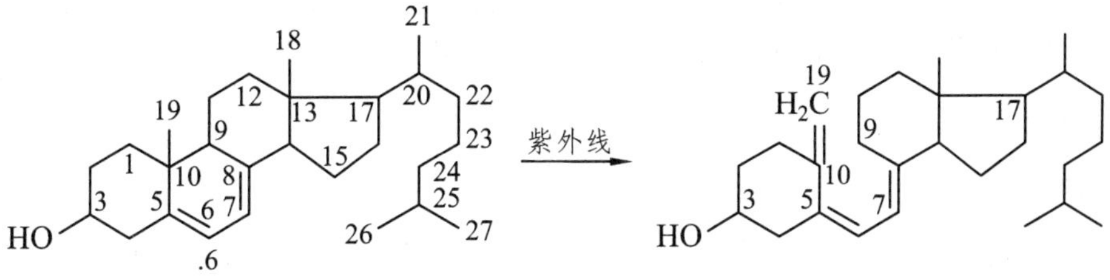

7-脱氢胆固醇　紫外线　维生素 D_3

1. 维生素 D 的生理功能

（1）维生素 D 提高肌体对钙、磷的吸收，促进生长和骨骼钙化，促进牙齿健全；维持血液中柠檬酸盐的正常水平；防止氨基酸通过肾脏损失。如体内缺乏维生素 D，即使提供足够的钙质，大部分钙都不能吸收，造成人体钙、磷缺乏，影响牙齿、骨骼的正常生长，出现"软骨病"、佝偻病，抵抗力减弱。

（2）维生素 D 缺乏是高血压的一个成因。美国堪萨斯大学医学中心一项对 1500 名骨质疏松症患者的研究显示：高血压病与血液中低维生素 D 水平有关；增加维生素 D 摄入能降低高血压。

（3）维生素 D 降低乳腺癌、肺癌、结肠癌等常见癌症的发生率，防治自身免疫性疾病和感染性疾病等，调节胎盘的发育和功能，预防流产和早产等妊娠并发症。宫内及婴幼儿获得足够的维生素 D 可降低 1 型糖尿病，哮喘与精神分裂症的发生率。

2. 维生素 D 的需求量

维生素 D 的摄入量与日照时间有关，所以很难确切估计。紫外线照射带来的皮肤癌等问题上升，很多国家明确规定要限制接受日照的时间，各国人群接受日照的时间都在减少，因此全世界范围内维生素 D 均呈现广泛缺乏的现象。

中国部分居民血液检测发现，约 60%以上的居民维生素 D 缺乏，其中，最易缺乏人群包括：孕妇、婴幼儿、老年人。这主要与这三类人群接受日照时间都相对较少有关。

2000 年中国营养学会制定的中国居民膳食维生素 D 推荐摄入量见表 1-1。

表 1-1　中国居民膳食维生素 D 推荐摄入量（RNI）（单位：IU/d）

年龄/岁	RNI	年龄/岁	RNI
0～10	400	孕妇	400
11～49	200	乳母	400
50～	400		

婴儿成长过程中需要钙较多，若不晒太阳，又不补充含有维生素 D 的食物，就容易发生佝偻病。成人一般不缺维生素 D，只有休息少的人，才需要额外补充维生素 D。维生素 D 在动物的肝、奶及蛋黄中含量较多，尤以鱼肝油含量最丰富。晒太阳会促进体内合成维生素 D。

通过膳食摄入的维生素 D 一般不会引起中毒，而摄入大剂量的化学维生素 D 和强化维生素 D 的奶制品有发生维生素 D 过量和中毒的可能。长期每天过量摄入维生素 D 可能造成恶心、头痛、肾结石、肌肉萎缩、关节炎、动脉硬化、高血压、轻微中毒、腹泻、口渴，体重减轻，多尿及夜尿多等症状。严重中毒时则会损伤肾脏，使软组织（如心、血管、支气管、胃、肾小管等）钙化。

（三）维生素 E

维生素 E 包括生育酚和三烯生育酚两类共 8 种化合物。生育酚主要有四种衍生物，按甲基位置分为 α、β、γ 和 δ 四种，三烯生育酚也有 α、β、γ、δ 四种。α-生育酚（结构如下）是自然界中分布最广泛，含量最丰富，活性最高的维生素 E 形式。

维生素 E 对酸、热都很稳定，对碱不稳定，若在铁盐、铅盐或油脂酸败的条件下，会加速其氧化而被破坏。

$$HO-\underset{H_3C}{\overset{CH_3}{\bigcirc}}-\underset{CH_3}{\overset{CH_3}{\bigcirc}}-CH_2-(CH_2-CH_2-\underset{CH_3}{\overset{CH_3}{CH}}-CH_2)_3H$$

维生素 E（α-生育酚）

1. 维生素 E 的生理功能

维生素 E 能促进性激素分泌，使女子雌性激素浓度增高，促进卵巢功能，促进卵泡的成熟，使黄体增大，抑制孕酮氧化，保持血流通畅，促进胎儿发育，防止流产，提高生育能力。维生素 E 对月经过多、外阴瘙痒、夜间性小腿痉挛、痔疮具有辅助治疗作用。服用维生素 E 的女性，其乳房组织变得更加丰满，且富有弹性。维生素 E 促进男性产生有活力的精子，使男子精子活力增强，数量增加，是真正的"后代支持者"。维生素 E 缺乏时男性睾丸萎缩不产生精子，孕育异常。女性胚胎与胎盘萎缩引起流产，阻碍脑垂体调节卵巢分泌雌激素等诱发更年期综合症。在临床上常用维生素 E 治疗先兆流产和习惯性流产，另外对防治男性不育症也有一定帮助。

维生素 E 是一种很重要的血管扩张剂和抗凝血剂，抑制血小板聚集，防止血液的凝固，预防冠心病、动脉粥样硬化，降低心肌梗死和脑梗塞的危险性。

维生素 E 加速伤口的愈合，对烧伤、冻伤、毛细血管出血、更年期综合症、美容等方面有很好的疗效。

近年来，维生素 E 又被广泛用于抗衰老方面，维生素 E 具有还原性，有很强的抗氧化作用，抑制过氧化脂质生成，减慢组织细胞的衰老过程，可防止脂肪、维生素 A、硒（Se）、两种含硫氨基酸和维生素 C 的氧化。酯化形式的维生素 E 还能消除由紫外线、空气污染等因素造成的过多的氧自由基，起到延缓光老化、预防晒伤和日晒红斑生成，消除脂褐素在细胞中的沉积，祛除黄褐斑；抑制酪氨酸酶的活性，从而减少黑色素生成，减少皱纹的产生，令肌肤滋润有弹性，保持青春的容姿。维生素 E 可抑制眼睛晶状体内的过氧化脂反应，使末梢血管扩张，改善血液循环。维生素 E 缺乏时，人体代谢过程中产生的自由基增多，引起生物膜脂质过氧化，破坏细胞膜的结构和功能，形成脂褐素；而且使蛋白质变性，酶和激素失活，免疫力下降，代谢失常，促使机体衰老。

维生素 E 水平与记忆力成正比。老年人记忆力差与其血液中维生素 E 水平低有极大的关系。另外，饮食结构不当或者饥一顿饱一顿的人比饮食正常的人记忆力丧失更严重。

2. 维生素 E 的吸收与代谢

维生素 E 在胆酸、胰液和脂肪的存在时，在脂酶的作用下以混合微粒在小肠上部经非饱和的被动弥散方式被肠上皮细胞吸收。维生素 E 被吸收后大多由乳糜微粒携带经淋巴系统到达肝脏。肝脏中的维生素 E 通过乳糜微粒和极低密度脂蛋白（VLDL）的载体作用进入血浆。乳糜微粒在血循环的分解过程中，将吸收的维生素 E 转移进入脂蛋白循环，其他的作为乳糜微粒的残骸。α-生育酚的主要氧化产物是 α-生育醌，脱去醛基生成葡糖醛酸，葡糖醛酸可通过胆汁排泄，或进一步在肾脏中被降解产生 α-生育酸从尿酸中排泄。

3. 维生素 E 的摄取

成人每天食物中有 50 mg 维生素 E 即可满足需要，妊娠及哺乳期需要量略增。

维生素 E 含量最为丰富的是小麦胚芽，富含维生素 E 的食物有：瘦肉、乳类、蛋类、压榨植物油、柑橘皮、猕猴桃、菠菜、卷心菜、花菜、羽衣甘蓝、莴苣、甘薯、山药、杏仁、榛子和胡桃。

维生素 E 和其他脂溶性维生素不一样，在人体内储存的时间比较短，一天摄取量的 60% ~ 70%将随着排泄物排出体外。过多摄入维生素 E 就会出现恶心，肌肉萎缩，头痛和乏力等症状。每天摄入的维生素 E 超过 300 mg 会导致高血压，伤口愈合延缓，甲状腺功能受到限制。长期服用大剂量维生素 E 可引起血栓性静脉炎或肺栓塞，这是由于大剂量维生素 E 可引起血中胆固醇和甘油三酯水平升高；血小板增加，活力增强，血小板聚集，血压升高，男女两性均可出现乳房肥大；头痛、头晕、眩晕、视力模糊、肌肉衰弱；皮肤豁裂、唇炎、口角炎、荨麻疹；糖尿病或心绞痛症状明显加重；激素代谢紊乱，免疫功能减退。

（四）维生素 K

维生素 K（结构如下）是一系列萘醌的衍生物的统称，由于它具有促进凝血的功能，故又称凝血维生素。主要的天然维生素 K 有维生素 K_1、维生素 K_2，K_1 是由植物合成的，K_2 则由微生物合成。如人体肠道细菌可合成维生素 K_2。人工合成的有维生素 K_3 和维生素 K_4，为临床所常用。

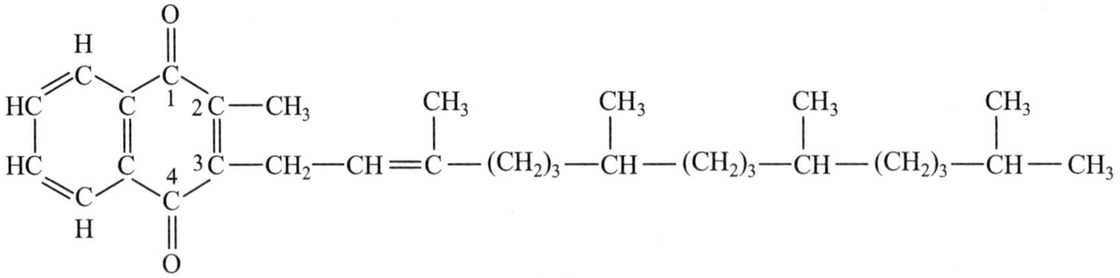

维生素 K_1

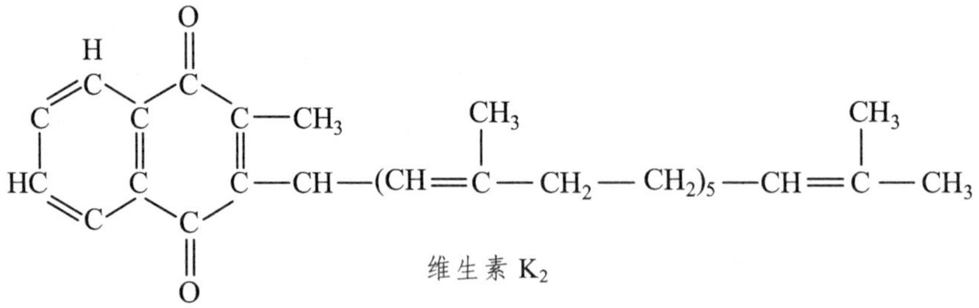

维生素 K_2

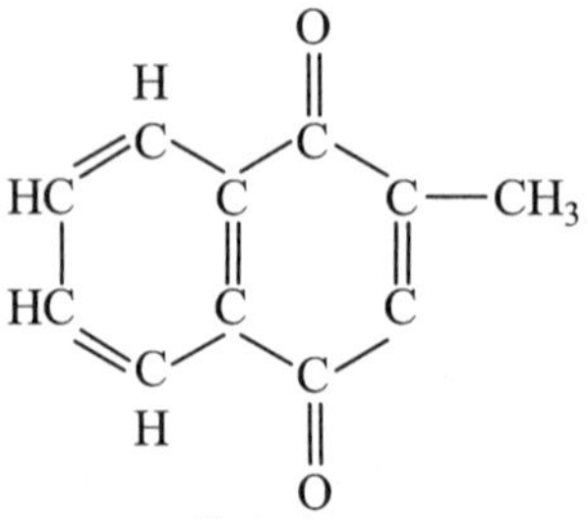

维生素 K_3

1. 维生素 K 的生理功能

（1）促进血液凝固。维生素 K 是凝血因子 γ-羧化酶的辅酶，是四种凝血蛋白（凝血酶原、转变加速因子、抗血友病因子和司徒因子）在肝脏内合成必不可少的物质，可减少女性生理期大量出血，还可防止内出血及痔疮。人体维生素 K 缺乏，凝血时间延长，严重者会流血不止，甚至死亡。

（2）维生素 K 还参与骨骼代谢。维生素 K 参与合成 BGP（维生素 K 依赖蛋白质），BGP 能调节骨骼中磷酸钙的合成。老年人的骨密度和维生素 K 呈正相关。

2. 吸收与代谢

膳食中维生素 K 都是脂溶性的，其吸收需要胆汁协助，主要由小肠吸收入淋巴系统，在正常情况下其中 40% ~ 70% 可被吸收。其在人体内的半减期比较短，约 17 h。人的肠道中有一种细菌会为人体源源不断地制造维生素 K，加上在猪肝、鸡蛋、绿色蔬菜中含量较丰富，因此，人体一般不会缺乏。人工合成的水溶性维生素 K，更有利于人体吸收，已广泛地用于医疗上。

3. 维生素 K 的需要量

维生素 K 缺乏会减少凝血酶原的合成，导致出血时间延长，出血不止，即便是轻微的创伤或挫伤也可能引起血管破裂，出现皮下出血以及肌肉、脑、胃肠道、腹腔、泌尿生殖系统等器官或组织的出血或尿血、贫血甚至死亡。例如：新生儿吐血、肠子、脐带及包皮部位出血；成人不正常凝血，导致流鼻血、尿血、胃出血及瘀血等症状；低凝血酶原症，血液凝固时间延长、皮下出血；小儿慢性肠炎；热带性下痢。摄入过量的维生素 K 可引起溶血、正铁血红蛋白尿和卟啉尿症。

婴儿因肠内尚无细菌可合成维生素 K，建议每公斤体重中摄取 2 mg，一般成年人一天自食物中摄取每公斤体重 1 ~ 2 mg 的量便足够。

人类维生素 K 的来源有两方面：一方面通过肠道细菌合成，主要是 K_2，占 50% ~ 60%；另一方面从食物中来，主要是 K_1，占 40% ~ 50%。绿叶蔬菜含量高，每 100 g 绿叶蔬菜可以提供 50 ~ 800 μg 维生素 K，是最好的食物来源。其次是奶及肉类，水果及谷类含量低。

四、水溶性维生素

（一）维生素 B_1

维生素 B_1（结构如下）又称硫胺素，由嘧啶环和噻唑环通过亚甲基结合而成的一种 B 族维生素。为白色结晶或结晶性粉末；味苦，有引湿性，易吸收水分。在酸性溶液中很稳定，在碱性溶液中不稳定，易被氧化和受热破坏。还原性物质亚硫酸盐、二氧化硫等能使维生素 B_1 失活。维生素 B_1（硫胺素）与焦磷酸生成硫胺素焦磷酸（Thiamine pyrophosphate，TPP）即羧化辅酶（cocarboxylase），在糖代谢中有着重要作用。

1. 维生素 B_1 的吸收与代谢过程

食物中的维生素 B_1 有三种形式，即游离形式、硫胺素焦磷酸酯和蛋白磷酸复合物。结合形式的维生素 B_1 在消化道裂解后在空肠和回肠被吸收。口服维生素 B_1，在胃肠道主要是十二指肠吸收。吸收后可分布于机体各组织中，也可进入乳汁，体内不储存。大量饮茶会降低肠道对维生素 B_1 的吸收；叶酸缺乏可导致维生素 B_1 吸收障碍。维生素 B_1 在肝、肾和白细胞内转变成硫胺素焦磷酸酯，经肾排泄，不能被肾小管再吸收。血浆半衰期约为 0.35 h，在体内不储存，故短期缺乏即可造成丙酮酸在体内的蓄积，从而扰乱糖代谢。

2. 维生素 B_1 的生理功能

维生素 B_1（硫胺素）与焦磷酸生成硫胺素焦磷酸即羧化辅酶，在糖代谢中对丙酮酸脱羧分解和 α-酮酸的氧化脱羧起辅酶作用，促进糖代谢。

维生素 B_1 是维持心脏、神经及消化系统正常功能所必需的。维生素 B_1 促进糖的代谢并可通便，而糖是神经的主要养分，神经组织的主要能量来源于糖代谢。维生素 B_1 能保持脑、神经和肌肉的功能正常，预防多发性神经炎、脑灰质炎、精神疲劳和倦怠。维生素 B_1 可以预防心脏病，被称为"心脏与神经的维生素"。维生素 B_1 预防脚气病，"吃糙米，可以治脚气病"是因为糙米中的维生素 B_1 含量比较高。

维生素 B_1 缺乏时，导致线粒体功能紊乱和慢性氧化应激，出现脚气病、Wernicke（韦尼克氏）脑病及 Korsakoff 综合症（多神经炎性精神病），引起浮肿、流产、早产等，这两者均被认为是抑郁症发病的潜在机理。补充维生素 B_1 能改善产后抑郁症。

维生素 B_1 缺乏时，造成糖代谢的障碍，引起神经组织的供能减少，进而产生神经组织功能异常，磷酸戊糖代谢障碍，影响磷脂类的合成，使周围和中枢神经组织出现脱髓鞘和轴索变性样改变。

3. 维生素 B_1 的摄取

随着中国正进入快速的营养转型期，谷物的过度加工以及脂肪和动物性食物供能比例的显著提高使得我国居民维生素 B_1 摄入水平呈现逐年下降的趋势。

维生素 B_1 是人体能量代谢，特别是糖代谢所必需的，当人体的能量主要来源于糖类时，维生素 B_1 的需要量大。维生素 B_1 大剂量用药时，可能发生过敏性休克。

成人每日推荐摄入维生素 B_1 1.0～1.5 mg。维生素 B_1 在小麦胚芽、全谷物、蛋黄、鱼卵、动物肾脏和肝脏、酵母、菠萝含量较高。

（二）维生素 B_2

维生素 B_2（化学式：$C_{17}H_2ON_4O_6$，式量 376.37，结构如右所示）又叫核黄素，微溶于水，在碱性溶液中容易溶解，在强酸溶液中稳定。耐热、耐氧化，光照及紫外照射引起不可逆的分解。

1. 维生素 B_2 的生理功能

维生素 B_2 在人体内以黄素腺嘌呤二核苷酸（FAD）和黄素单核苷酸（FMN）两种形式参与氧化还原反应，其分子中异咯嗪上 1，5 位 N 存在的活泼共轭双键，既可做氢供体，又可做氢受体，起传递氢的作用，是机体中一些重要的氧化还原酶的辅基。这一类酶又叫脱氢酶，如琥珀酸脱氢酶、黄嘌呤氧化酶及 NADH 脱氢酶等。FAD 和 FMN 作为辅基主要参与呼吸链能量产生，氨基酸、脂类氧化，嘌呤碱转化为尿酸，芳香族化合物的羟化，蛋白质与某些激素的合成，叶酸的代谢，色氨酸转化为尼克酸，维生素 B_6 转化为磷酸吡哆醛等过程。

维生素 B_2 提高肌体对蛋白质的利用率，促进生长发育，维护细胞膜的完整性，保护皮肤毛囊黏膜及皮脂腺的功能，保护眼睛，预防和消除口腔生殖综合症，如口腔内、唇、舌及皮肤的炎反应，是肌体组织代谢和修复的必需营养素。

维生素 B_2 与机体铁的吸收、储存和动员有关，其抗氧化活性与黄素酶-谷胱甘肽还原酶有关。维生素 B_2 促进乳汁分泌、益肝、止痒、抗焦虑，调节肾上腺素的分泌，预防动脉硬化，增进脑记忆功能。

维生素 B_2 堪称人体的解毒大师，分解有害物质。牛油、火腿和酱油中的添加物在进入人体内之后，可以被维生素 B_2 转化为无害的物质。

2. 维生素 B_2 的吸收与代谢

维生素 B_2 是水溶性维生素，容易消化和吸收。膳食中的大部分维生素 B_2 是以黄素单核苷酸（FMN）和黄素腺嘌呤二核苷酸（FAD）辅酶形式和蛋白质结合存在，进入胃后，在胃酸的作用下，与蛋白质分离，在上消化道转变为游离型维生素 B_2 后，在小肠上部被吸收。当摄入量较大时，肝肾常有较高的浓度，但身体储存维生素 B_2 的能力有限，超过肾阈即通过泌尿系统，以游离形式排出体外，因此每日必需由饮食供给。

3. 维生素 B_2 的摄取

维生素 B_2 摄入不足，酗酒某些药物（如治疗精神病的普吗嗪、丙咪嗪，抗癌药阿霉素，抗疟药阿的平等）抑制维生素 B_2 转化为活性辅酶形式，引发维生素 B_2 的缺乏症。维生素 B_2 缺乏可出现以下症状：

（1）口腔-生殖综合征（orogenital syndrome）。

口部：嘴唇发红、口角呈乳白色、有裂纹甚至糜烂、口腔炎、口唇炎、口角炎、口腔黏膜溃疡、舌炎、肿胀、疼痛及地图舌等。

眼部：睑缘炎、怕光、易流泪、易有倦怠感、视物模糊、结膜充血、角膜毛细血管增生、引起结膜炎等。

皮肤：丘疹或湿疹性阴囊炎（女性阴唇炎）、鼻唇沟、眉间、眼睑和耳后脂溢性皮炎。

阴囊炎：最常见，分红斑型、丘疹型和湿疹型，尤以红斑型多见，表现为阴囊对称性红斑，境界清楚，上覆有灰褐色鳞屑；丘疹型为分散在群集或融合的小丘疹；湿疹型为局限性浸润肥厚、苔藓化，可有糜烂渗液、结痂。

（2）胎儿发育不良，儿童生长迟缓，轻中度缺铁性贫血。

（3）人体腔道内的黏膜层出现病变，黏膜细胞代谢失调、黏膜变薄、黏膜层损伤、微血管破裂。对于女性生殖器官所造成的伤害则更为严重，如阴道壁干燥，阴道黏膜充血、溃破，造成性欲减退、性交疼痛，畏惧同房。

成人每日需维生素 B_2 1.2～1.7 mg。维生素 B_2 在各类食品中广泛存在，但通常动物性食品中的含量高于植物性食物，如各种动物的肝脏、肾脏、心脏、蛋黄、鳝鱼以及奶类等。许多绿叶蔬菜和豆类含量也多，谷类和一般蔬菜含量较少。

由于核黄素溶解度相对较低，肠道吸收有限，故一般来说，核黄素不会引起过量中毒。摄取过多，可能引起瘙痒、麻痹、流鼻血、灼热感、刺痛等。

（三）维生素 B_3（烟酸）

维生素 B_3，也称作烟酸，或维生素 PP，又名尼克酸，还包括其衍生物或尼克酰胺。（分子式 $C_6H_5NO_2$，结构如右所示），它耐热，能升华，是一种水溶性维生素。烟酸在人体内转化为烟酰胺，烟酰胺是辅酶 I 和辅酶 II 的组成部分，烟酸、烟酰胺均溶于水及酒精，性质比较稳定，酸、碱、氧、光或加热条件下不易被破坏；在高压下，120 ℃，20 min 也不被破坏。一般加工烹调损失很小，但会随水流失。

1. 维生素 B_3 的吸收与代谢

烟酸和烟酰胺几乎全部在胃和小肠吸收，低浓度时依赖钠的易化吸收，高浓度时则以被动扩散为主。在血流中的主要形式是烟酰胺。烟酸存在于所有细胞中，仅少量可在体内储存，过多的烟酸在肝中甲基化成为甲基烟酰胺和 2-吡啶酮自尿排出。

烟酸经氨基转移作用生成烟酰胺，烟酰胺与磷酸核糖焦磷酸反应形成烟酰胺单核苷酸，后者与 ATP 结合成烟酰胺腺嘌呤二核苷酸（nico-tinamide adenine dinucleotide，NAD），又称辅酶 I（Co I）。NAD 与腺苷三磷酸（ATP）结合成烟酰胺腺嘌呤二核苷酸磷酸（nico-tinamide adenine dinucleotide phosphate，NADP），又称辅酶 II（Co II）。NAD 与 NADP 起脱氢辅酶的作用，为细胞氧化还原反应的主要辅酶。烟酸可由色氨酸转化而来，色氨酸先变成犬尿氨酸，需要色氨酸吡咯酶与甲酰酶，水解甲酰犬尿氨酸为犬尿氨酸，再由 1-犬尿酸水解酶分解犬尿酸或黄尿酸为 3-羟氨基苯甲酸，然后在 5-磷酸核糖焦磷酸的作用下，由哺乳类肝脏的酶系统变成烟酸。膳食中约 15%的色氨酸可转化为烟酸，色氨酸转化为烟酸的效率受到各种营养素的影响，当维生素 B_6、维生素 B_2 和铁缺乏时，其转化变慢，当蛋白质、色氨酸、能量和烟酸的摄入受限制时，色氨酸的转化率增加。

烟酸经代谢后的产物为 N′-甲基烟酰胺及 N′-甲基-2-吡酮-5-甲酰胺，前者为尿中排泄量的 20%～30%，后者为尿中排泄量的 40%～60%。也有与甘氨酸结合而成的烟酰甘氨酸。

2. 维生素 B_3 的生理功能

烟酸在体内以辅酶 I、辅酶 II 形式作为脱氢酶的辅酶，在生物氧化中起递氢体的作用，参与葡萄糖酵解、丙酮酸代谢、戊糖的生物合成、氨基酸、蛋白质、嘌呤、脂质代谢，在动物的能量利用及脂肪、蛋白质和碳水化合物合成与分解方面都起着重要的作用。

烟酸促进血液循环，降低血浆甘油三酯，抑制胆固醇的形成，具有降血脂、降血压下的作用，是防治心血管疾病的优良药物。

烟酸是人体抗糙皮病因子，使皮肤健康，可用于糙皮病、舌炎、口炎及其他皮肤病的防治。

烟酸提高锌和铁的利用，烟酸缺乏时锌吸收率、肠道锌和肝内铁的含量明显降低。

烟酸促进消化系统的健康，减轻胃肠障碍，减轻腹泻现象。有较强的扩张周围血管作用，临床用于治疗头痛、偏头痛、耳鸣、内耳眩晕症等。

3. 维生素 B_3 的摄入

烟酸是少数相对稳定的维生素，即使经烹调及储存亦不会大量流失。烟酸及烟酰胺广泛存在于食物中。植物性食物中存在的主要是烟酸，动物性食物中以烟酰胺为主。烟酸和烟酰胺在肝、肾、瘦畜肉、鱼以及坚果类中含量丰富；乳、蛋中的含量虽然不高，但色氨酸较多，可转化为烟酸。谷物中的烟酸80%～90%存在于种皮中，故加工影响较大。

一般膳食中并不缺乏烟酸，只有以玉米为主食的地区易发生烟酸缺乏，主要因玉米中的烟酸为结合型，不能被吸收利用，且玉米中色氨酸少，不能满足人体合成烟酸的需要。某些胃肠道疾患和长期发热等使烟酸的吸收不良或消耗增多，均可诱发烟酸缺乏。服用大量异烟肼可干扰吡哆醇作用，影响色氨酸转变为烟酸，也可引起烟酸缺乏。

烟酸缺乏时，易患糙皮病，精神错乱、定向障碍、癫痫发作、紧张性精神分裂症、幻觉、意识模糊、谵妄，周围神经炎的症状如四肢麻木、烧灼感、腓肠肌压痛及反射异常，有时有亚急性脊髓后侧柱联合变性症状。

成人每日摄入烟酸13～20 mg为宜。

（四）维生素 B_5

维生素 B_5（结构如下）也称泛酸，是 α, γ-二羟基-β, β'-二甲基丁酰-β-丙氨酸，有旋光性，仅 D 型（$[\alpha]=+37.5°$）有生物活性，是丙氨酸借肽键与 α, γ-二羧-β, β-二甲基丁酸缩合而成，是辅酶 a（CoA）及酰基载体蛋白（acyl carrier protein，ACP）的组成部分。

纯游离泛酸是一种淡黄色黏稠的油状物，具酸性，易溶于水和乙醇，不溶于苯和氯仿，在酸、碱、光及热等条件下都不稳定。消旋泛酸具有吸湿性和静电吸附性。

1. 维生素 B_5 的吸收机制

泛酸的吸收依靠 Na^+ 依赖的多维生素转运体主动转运进入细胞。该转运体为泛酸硫辛酸、生物素所共享，由膜内负电位活化。每转运一个泛酸需要两个 Na 协同。泛酸在肠内被吸收进入人体后，经磷酸化并与巯基乙胺结合生成 4-磷酸泛酰巯基乙胺。4-磷酸泛酰巯基乙胺是辅酶 A（CoA）及酰基载体蛋白（ACP）的组成部分，所以 CoA 及 ACP 为泛酸在体内的活性型。

2. 维生素 B_5 的生理功能

泛酸的活性形式辅酶 A（coenzyme A，CoA）是生物体内酰基的载体，参与丙酮酸、α-酮戊二酸和脂肪酸的氧化作用，在糖、脂类及蛋白质的代谢中起转移酚羟基的作用。在糖代谢中丙酮酸转变为乙酰辅酶 a，合成脂肪酸，或与草酰乙酸形成柠檬酸进入三羧酸循环。泛酸是二碳单位的载体，也是体内乙酰化酶的辅酶。12 种氨基酸（丙、甘、丝、苏、半胱、苯丙、亮、酪、赖、色、苏及异亮氨酸）的碳链分解代谢都形成乙酰辅酶 a，参加体内能量的形成。

泛酸是大脑神经必需的营养物质。泛酸为脂肪酸合成类固醇（steroids）所需，有助于体内类固醇的分泌，可以保持皮肤和头发的健康。

泛酸促进肾上腺激素使蛋白质转化成脂肪及糖，促进肾上腺分泌足够的可的松，对维持肾上腺正常机能非常重要；泛酸预防关节炎、爱迪森氏病（Addison's disease）、红斑狼疮（Lupus erythematosus）等泛酸缺乏所引起的疾病。

泛酸能增加抗体合成，抵抗传染病，并有助于伤口的愈合，是人体利用对氨基苯甲酸和胆碱的必需物质；

另外，泛酸以 CoA 的形式清除自由基，保护细胞质膜不受损害，CoA 也可以通过促进磷脂合成帮助细胞修复自由基的损伤，具有抗脂质过氧化作用。

3. 维生素 B_5 的日需要量

健康人的血糖因转化为能量而降低时，身体中所储存的淀粉或肝糖立即转化为糖，补充血糖的浓度。如果所储存的肝糖已经消耗完毕，肾上腺激素会立刻使身体中的蛋白质转化成脂肪及糖，这些糖一部分补充血糖至正常浓度，而一部分转变为肝糖储存起来。人体缺乏泛酸时，无法合成能将蛋白转化为糖（及脂肪）的肾上腺激素，血糖持续偏低，将导致紧张、哮喘、胃溃疡、急躁、倦怠、眩晕、头痛甚至晕倒等症状。过氧化物酶体脂肪酸氧化受到抑制，并可能导致脑部伤害、心跳加速、抽筋、沮丧不安、消沉、怨恨、暴躁易怒、挑衅、双手颤抖，血液中的 α-球蛋白减少，抗体减少，无法入睡，双脚有烧灼疼痛的感觉，血压偏低，胃酸、消化酶分泌减少，肠道蠕动减弱，消化不良、便秘、过敏。

泛酸缺乏导致肾上腺肿大或出血，无法分泌可的松及其他激素。很多借助可的松治疗的疾病，如关节炎、爱迪森氏病（Addison's disease）、红斑狼疮（Lupus erythematosus）等，都是由缺乏泛酸所引起的。体重过重又缺泛酸的人，容易罹患关节炎及痛风。

人类对泛酸的需要量，随着每天所承受的压力大小而异。健康的成人每天摄取 30～50 mg 适当。肉类、未精制的谷类、麦芽与麸皮、动物肾脏与心脏、绿叶蔬菜、啤酒酵母、坚果类、未精制的糖蜜泛酸含量丰富。

（五）维生素 B_6（吡哆醇类）

维生素 B_6（Vitamin B_6）（结构如下）又称吡哆素，其包括吡哆醇、吡哆醛及吡哆胺，在体内以磷酸酯的形式存在，是一种水溶性维生素，遇光或碱易破坏，不耐高温。维生素 B_6 为无色晶体，易溶于水及乙醇，在酸液中稳定，在碱液中易破坏，吡哆醇耐热，吡哆醛和吡哆胺不耐高温。

1. 维生素 B_6 的功能

（1）参与蛋白质合成与分解代谢。作为转氨酶的辅酶，维生素 B_6 在蛋白质代谢中起重要作用，主要以磷酸吡多醛（PLP）形式参与近百种酶反应，多数与氨基酸代谢有关，包括转氨基、脱羧、侧链裂解、脱水及脱硫化作用。如参与同型半胱氨酸向蛋氨酸的转化，轻度高同型半胱氨酸血症被认为是血管疾病的一种可能危险因素，维生素 B_6 可降低血浆同型半胱氨酸含量。

（2）参与糖异生、UFA 代谢，与血红素的代谢，色氨酸合成烟酸、糖原、神经鞘磷脂和类固醇的代谢有关。

（3）参与某些神经介质（5-羟色胺、牛磺酸、多巴胺、去甲肾上腺素和 γ-氨基丁酸）合成，能治疗神经衰弱、眩晕，防治妊娠呕吐。

（4）维生素 B_6 与一碳单位、维生素 B_{12} 和叶酸盐的代谢有关，如果它们代谢障碍可造成巨幼红细胞贫血。维生素 B_6 与维生素 B_2 的关系十分密切，维生素 B_6 缺乏常伴有维生素 B_2 症状。

（5）维生素 B_6 参与 RNA 和 DNA 合成。

（6）维生素 B_6 对治疗糖尿病有效，缺乏维生素 B_6 会阻碍胰岛素因子的产生。

2. 吸收与代谢

食物中维生素 B_6 为 PLP、PMP、PN，在小肠腔内必须由非特异性磷解酶（nospecific phosphoh Ydrolase）分解 PLP、PMP 为 PL、PM。吸收形式为 PL、PM 及 PN。给予饥饿的人以 PN、PL、PM，0.5～3 h 达到高峰，剂量小（0.5～4 mg）时，血浆维生素 B_6 水平在 3～5 h 后又恢复到近似饥饿时水平。服用 PL 后血浆维生素 B_6 水平及尿中 PA 升高较快，但 PM 吸收代谢都较 PN、PL 慢一些。而摄入 PLP 剂量大（如 10 mg）时，血浆维生素 B_6 及 PLP 在 24 h 内继续上升，维持在高水平。

人体摄入 PN 后，血浆 PL 可以增加 12 倍，血浆中 PLP 虽占血浆中维生素 B_6 的 60%，但与蛋白相结合，不易为其他细胞所利用。血浆中 PL 与白蛋白结合不牢固，为运输的形式，能被组织摄取，并氧化为 PA。PN 运输至小肠黏膜，可在肠黏膜中合成 PNP，血流中 PN 可扩散到肌肉中，然后磷酸化，PN 及 PL 通过扩散进入红细胞中，并为激酶磷酸化。人的红细胞可将 PNP 氧化为 PLP。PN 在超过红细胞 PL 激酶饱合浓度时，可在 3～5 min 进入红细胞中。PL 在浓度超过磷酸激酶的浓度时，PL 与血红蛋白 α-链中末端缬氨酸相结合，所以 PL 在红细胞中积累，它在红细胞中的浓度可为血浆中的 4～5 倍。红细胞中的 PL 可能也是一种运输方式。PN 为肝细胞纳入后，相继为 PL 激酶及 PNP 氧化酶作用而生成 PLP，然后再经磷解作用而转变为 PL，进入循环系统中，运至有磷酸激酶的组织形成 PLP。维生素 B_6 缺乏的动物（大鼠），PL 激酶有所下降，饲养 5 周的大鼠肝中，PL 肝激酶下降 50%，而脑中仅下降 14%。这也说明维生素 B_6 对神经系统的重要性。

维生素 B_6 在血流中可扩散到肌肉中而磷酸化，若 PN 剂量增加，肌肉中 PN 的含量增加，而 PNP 的含量减少。大鼠 60%维生素 B_6 在肌肉中，其中 75%～95%与糖原磷酸化酶（Glycogenphosphorylase）相联系。此酶占肌肉可溶性蛋白的 5%，可能为维生素 B_6 的储存场所。通过肌肉蛋白的转换，将维生素 B_6 分解出来以满足最低需要量。

维生素 B_6 的主要代谢产物 PA，可代表维生素 B_6 摄入量的 20%～40%，尿中 PA 只可为摄入量的指标，而不能代表体内的储存。尿中除 PA 外，尚有小量的 PN、PL 等。给以生理剂量时，在 3 h 内大部分以 PA 排出。PN 在肾小管中积累，当 PN 浓度较大时，可由肾排出。PL 不易被肾排除，也不易被肾纳入，纳入后以磷酸化形式积累。人口服大剂量（100 mg）PL、PM、PN 后，在 36 h 内大部分原物从尿中排出。

3. 维生素 B_6 的摄入

人体缺乏维生素 B_6 容易引起过敏性反应，如属于过敏性湿疹的荨麻疹。成人每天维生素

B_6需要量为 2 mg，妇女怀孕期为 2.2 mg。维生素 B_6 在酵母菌、肝脏、肉类、蛋类、鱼、豆类、花生、全谷物、乳制品、绿叶蔬菜含量较高。维生素 B_6 在食物中广泛存在，肠道细菌又可合成，人类未发现典型的缺乏症。

（六）维生素 B_7（生物素）

维生素 B_7（生物素）（结构如下）又名维生素 H，为无色长针状结晶，具有尿素与噻吩相结合的骈环，并带有戊酸侧链；极微溶于水（22 mg/100 mL 水，25 ℃）和乙醇（80 mg/100 mL，25℃），遇强碱或氧化剂则分解。

1. 维生素 B_7 的吸收与分布

生物素迅速从胃和肠道吸收，血液中生物素的80%以游离形式存在，分布于全身各组织，在肝、肾中含量较多，大部分生物素以原形由尿液中排出，仅小部分代谢为生物素硫氧化物和双降生物素。

2. 维生素 B_7 的生理功能

维生素 B_7（生物素）的主要功能是在脱羧——羧化反应和脱氨反应中起辅酶作用，参与丙酮酸羧化而转变成为草酰乙酸，乙酰辅酶 A 羰化成为丙二酰辅酶 A 等糖及脂肪代谢中的主要生化反应，帮助脂肪、肝糖和氨基酸在人体内进行正常的合成与代谢；与碳水化合物和蛋白质互变，以及碳水化合物和蛋白质向脂肪转化等有关，还参与维生素 B_{12}、叶酸、泛酸的代谢；促进尿素合成与排泄。

维生素 B_7 是维持机体上皮组织健全所必需的物质。缺乏时，可引起黏膜与表皮的角化、增生和干燥；产生眼干燥症，严重时角膜角化增厚、发炎，甚至穿孔，导致失明；消化道、呼吸道和泌尿道上皮细胞组织不健全，易于感染。

维生素 B_7 能增强机体的免疫力，稳定正常组织的溶酶体膜，维持机体的体液免疫、细胞免疫，并影响一系列细胞因子的分泌。大剂量可促进胸腺增生，使免疫力增强。

维生素 B_7 促进神经组织、骨髓、男性性腺、皮肤及毛发的正常生长，减轻湿疹、皮炎症状；预防白发及脱发，有助于治疗秃顶。生物素缺乏时，生殖功能衰退，骨骼生长不良，胚胎和幼儿生长发育受阻，皮脂腺及汗腺角化，皮肤干燥，毛囊丘疹和毛发脱落。

维生素 B_7 构成视觉细胞感光物质。生物素在体内氧化生成顺视黄醛和反视黄醛。人视网膜内有两种感光细胞，其中杆细胞对弱光敏感，与暗视觉有关，因为杆细胞内含有感光物质 ——视紫红质，它是由视蛋白和顺视黄醛构成。当生物素缺乏时，顺视黄醛得不到足够的补充，杆细胞不能合成足够的视紫红质，从而出现夜盲症。

维生素 B_7 缓和肌肉疼痛；对忧郁、失眠有一定助益；帮助糖尿病患者控制血糖水平，并防止该疾病造成的神经损伤。

3. 维生素 B7 的摄入

生物素缺乏使人头皮屑增多，容易掉发，少年白发；出现肤色暗沉，面色发青，皮肤炎，湿疹，萎缩性舌炎，感觉过敏，厌食和轻度贫血、忧郁、失眠、疲倦、慵懒无力、肌肉疼痛，打瞌睡等神经症状。

生物素的毒性很低，大剂量的生物素治疗脂溢性皮炎，未发现蛋白代谢异常或遗传错误及其他代谢异常。

人体每天需要量 100 ~ 300 μg。生鸡蛋清中有一种抗生物素的蛋白质能和生物素结合，结合后的生物素不能由消化道吸收。尚未见人类生物素缺乏病例，可能是由于除了食物来源以外，肠道细菌也能合成生物素。

维生素 B7 在牛奶、牛肝、蛋黄、动物肾脏，草莓、柚子、葡萄等水果，瘦肉、糙米、啤酒、小麦中含量丰富。

（七）维生素 B9（叶酸）

叶酸（结构如下）由蝶啶、对氨基苯甲酸和 L-谷氨酸组成，也叫蝶酰谷氨酸，它是 B 族维生素的一种。1941 年，因为从菠菜中发现了这种生物因子，所以被命名为叶酸。叶酸是黄色结晶，微溶于水，在酸性溶液中不稳定，易被光破坏，在室温下储存易损失。

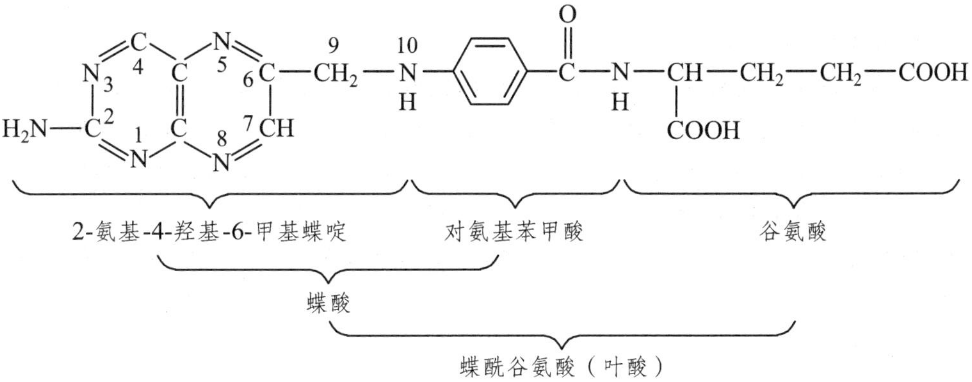

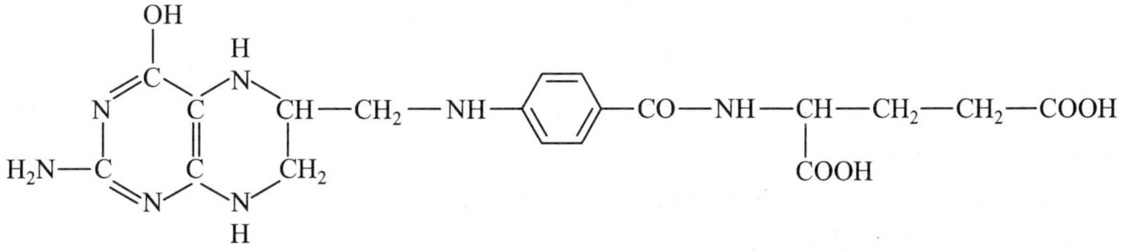

蝶酰谷氨酸（叶酸）

四氢叶酸（THFA）

1. 叶酸的吸收与排泄

叶酸在肠道吸收后，经门静脉进入肝脏，在肝内二氢叶酸还原酶的作用下，转变为具有活性的四氢叶酸。经口服给药，在胃肠道（主要是十二指肠上部）几乎完全被吸收，5 ~ 20 min 后可出现在血中，1 h 后可达最高血药浓度。大部分主要储存在肝内，体内的叶酸主要被分解为蝶呤和对氨基苯甲酰谷氨酸。血浆半衰期约为 40 min。由胆汁排至肠道中的叶酸可再被吸收，形成肝肠循环（代谢过程如下）。

维生素 C 与叶酸同服，抑制叶酸在胃肠中吸收，大量的维生素 C 会加速叶酸的排出。

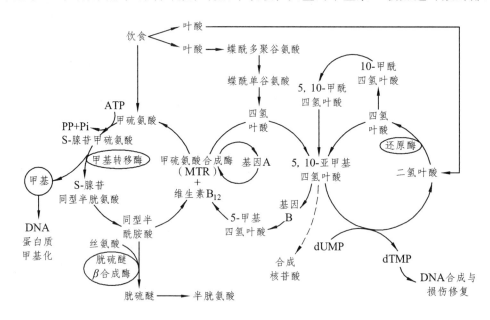

2. 叶酸的生理功能

叶酸作为一碳单位转移酶系的辅酶，在体内以四氢叶酸的形式起作用，四氢叶酸参与嘌呤核苷酸和嘧啶核苷酸的合成和转化，在甘氨酸与丝氨酸、组氨酸与谷氨酸、苯丙氨酸与酪氨酸，同型半胱氨酸与蛋氨酸之间的相互转化过程中充当一碳单位的载体，参与血红蛋白卟啉基的形成及甲基化合物如肾上腺素、胆碱、肌酸的合成，对蛋白质、核酸的合成及各种氨基酸的代谢有重要作用，与维生素 B_{12} 共同促进红细胞的成熟，红细胞和白细胞的快速增生都需要叶酸参与。

3. 叶酸的摄取

叶酸缺乏时，脱氧胸苷酸，嘌呤核苷酸的形成及氨基酸的互变受阻，细胞内 DNA 合成减少，细胞的分裂成熟发生障碍，血中高半胱氨酸水平提高，易引起动脉硬化，巨幼红细胞性贫血及白细胞减少，诱发结肠癌和乳腺癌。孕妇缺乏叶酸有可能导致胎儿出生时出现低体重、唇腭裂、心脏缺陷等。

叶酸是水溶性维生素，一般超出成人最低需要量 20 倍也不会引起中毒。凡超出血清与组织中和多肽结合的量均从尿中排出。

服用大剂量叶酸可能产生的毒性作用有：干扰抗惊厥药物的作用，诱发病人惊厥发作。口服叶酸 350 mg 可能影响锌的吸收，而导致锌缺乏，使胎儿发育迟缓，低出生体重儿增加。掩盖维生素 B_{12} 缺乏的早期表现，而导致神经系统受损害。

天然叶酸广泛存在于动植物类食品中，凡是含维生素 C 的食物如新鲜蔬菜，水果都含叶酸，尤以酵母、肝及绿叶蔬菜中含量比较多。通常不需另外补充叶酸。成人的建议摄入量是每天 400 μg，孕期 600 μg。可耐受最高摄入量（UL）为每日 1000 μg。

由于天然的叶酸极不稳定，易受阳光、加热的影响而发生氧化，叶酸生物利用度较低，在 45% 左右。合成的叶酸在数月或数年内可保持稳定，容易吸收且人体利用度高，比天然制品高出一倍左右。

（八）维生素 B_{12}（钴胺素）

维生素 B_{12}（结构如下）又叫钴胺素，是一种含有 3 价钴的多环系化合物，4 个还原的吡咯环连在一起变成为 1 个咕啉大环（与卟啉相似），是维生素 B_{12} 分子的核心。所以称为类咕啉。维生素 B_{12} 为浅红色的针状结晶，易溶于水和乙醇，在 pH 值 4.5～5.0 弱酸条件下最稳定，强酸（pH<2）或碱性溶液中分解，遇热可有一定程度破坏，遇强光或紫外线易被破坏。普通烹调过程损失量约 30%。维生素 B_{12} 因含钴而呈红色，是唯一含矿物质的维生素。高等动植物不能制造维生素 B_{12}，自然界的维生素 B_{12} 都是微生物合成的，是唯一的一种需要肠道分泌物（内源因子）帮助才能被吸收的维生素，在肠道内停留时间长，大约需要 3h（大多数水溶性维生素只需要几秒钟）才能被吸收。

1. 维生素 B_{12} 的吸收与排泄

食物中的维生素 B_{12} 与蛋白质结合，进入人体消化道内，在胃酸、胃蛋白酶及胰蛋白酶的作用下，维生素 B_{12} 被释放，并与胃黏膜细胞分泌的一种糖蛋白内因子（IF）结合。维生素 B_{12}-IF 复合物在回肠被吸收。维生素 B_{12} 的储存量很少，2～3 mg，在肝脏中。主要从尿排出，部分从胆汁排出。

维生素 B_{12} 与氯霉素合用，可抵消维生素 B_{12} 具有的造血功能。维生素 C 可破坏维生素

B_{12}，维生素 C 与维生素 B_{12} 同时给药或长期大量摄入维生素 C 可使维生素 B_{12} 血浓度降低；氨基糖苷类抗生素——对氨基水杨酸类、苯巴比妥、苯妥英钠、扑米酮等抗惊厥药及秋水仙碱等可减少维生素 B_{12} 从肠道的吸收；消胆胺可结合维生素 B_{12} 减少其吸收。

2. 维生素 B_{12} 的生理功能

维生素 B_{12} 是几种变位酶的辅酶，如甲基天冬氨酸变位酶，催化 Glu 转变为甲基 Asp；甲基丙二酰 CoA 变位酶，将甲基丙二酰辅酶 A 转化成琥珀酰辅酶 A，参与三羧酸循环，其中琥珀酰辅酶 A 与血红素的合成有关，使肌体造血机能处于正常状态，促进红细胞的发育和成熟，预防恶性贫血。

维生素 B_{12} 参与甲基及其他一碳单位的转移反应，如参与蛋氨酸、胸腺嘧啶等的合成，使甲基四氢叶酸转变为四氢叶酸而将甲基转移给甲基受体（如同型半胱氨酸），因此维生素 B_{12} 可促进碳水化合物、脂肪、核酸和蛋白质的代谢。

维生素 B_{12} 保护叶酸在细胞内的转移和储存，增加叶酸的利用率，与叶酸一起合成甲硫氨酸（由高半胱氨酸合成）和胆碱，产生嘌呤和嘧啶的过程中合成氰钴胺甲基先驱物质如甲基钴胺。维生素 B_{12} 缺乏时，从甲基四氢叶酸上转移甲基基团减少，使叶酸变成不能利用的形式，导致叶酸缺乏症。

维生素 B_{12} 是神经系统功能健全不可缺少的维生素，参与神经组织中一种脂蛋白的形成。维护神经髓鞘的代谢与功能。缺乏维生素 B_{12} 时，可导致周围神经炎，神经障碍、脊髓变性，引起严重的精神症状。小孩缺乏维生素 B_{12} 的早期表现是情绪异常、表情呆滞、反应迟钝，最后导致贫血。

3. 维生素 B_{12} 的摄取

自然界中维生素 B_{12} 主要是通过草食动物的瘤胃和结肠中的细菌合成的，因此，膳食来源主要为动物性食品，其中动物内脏、肉类、蛋类是维生素 B_{12} 的丰富来源。豆制品经发酵会产生一部分维生素 B_{12}。人体肠道细菌也可以合成一部分。

维生素 B_{12} 和叶酸缺乏，可导致胸腺嘧啶核苷酸减少，DNA 合成速度减慢，而细胞内尿嘧啶脱氧核苷酸（dUMP）和脱氧三磷酸尿苷（dUTP）增多。胸腺嘧啶脱氧核苷三磷酸（dTTP）减少，使尿嘧啶掺和入 DNA，使 DNA 呈片段状，DNA 复制减慢，核分裂时间延长（S 期和 G_1 期延长），故细胞核比正常大，核染色质呈疏松点网状，缺乏浓集现象，而胞质内 RNA 及蛋白质合成并无明显障碍。随着核分裂延迟和合成量增多，形成胞体巨大，核浆发育不同步，核染色质疏松，所谓"老浆幼核"的巨型血细胞，以幼红细胞系列最显著，称巨幼红细胞系列，也见于粒细胞、巨核细胞系列，甚至某些增殖性体细胞。该巨幼红细胞易在骨髓内破坏，出现无效性红细胞生成，最终导致红细胞数量不足，表现贫血症状。

注射过量的维生素 B_{12} 可出现哮喘、荨麻疹、湿疹、面部浮肿、寒颤等过敏反应，也可能发生神经兴奋、心前区痛和心悸，还可导致叶酸的缺乏。

维生素 B_{12} 日推荐量：成人 $3.0~\mu g$，孕妇 $4.0~\mu g$，乳母 $4.0~\mu g$。

（九）胆 碱

胆碱（结构如下）为三甲基胺的氢氧化物，其分子结构式为 $HOCH_2CH_2N^+(CH_3)_3$。

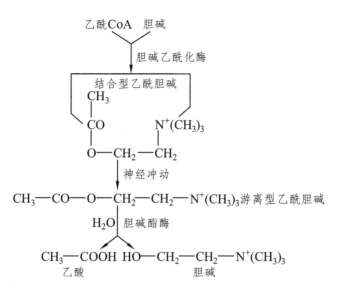

胆碱是季胺碱，是一种强有机碱，为无色结晶，易溶于水和乙醇，不溶于氯仿、乙醚等非极性溶剂，有很强的吸湿性，水溶液呈无色味苦的白色浆液，易与酸反应生成更稳定的结晶盐（如氯化胆碱），在强碱条件下不稳定，但对热相当稳定。胆碱能穿过"脑血管屏障" 进入脑细胞。

1. 胆碱的生理功能

L-α-甘油磷脂酰胆碱（GPC）能改善脑功能，提高注意力、记忆力，改善脑波曲线，减慢脑功能衰退。

胆碱是构成生物膜的重要成分，细胞膜磷脂酰肌醇衍生物特别是磷脂酰胆碱为能够放大外部信号或通过产生抑制性第二信使而中止信号过程的生物活性分子。在信号传递过程中，膜受体激活导致受体结构的改变进而激活三磷酸鸟苷结合蛋白（GTP-binding protein，G-蛋白）。G-蛋白的激活进一步使膜内磷脂酶 C 的激活。磷脂酶 C 可水解磷脂的甘油磷酸键，生成二酯酰甘油和一个亲水的可溶性（极性）头（基团）。激活的磷脂酶 C 使蛋白激活酶（PKC）活化。正常情况下，蛋白激活酶处于折叠状态使得一个内源性的"假性底物"区域被结合在酶的催化部位，从而抑制了其活性。二酯酰甘油使蛋白激活酶构象发生改变，导致其从铰链区发生扭曲，释放"假性底物"，开放催化部位。

细胞凋亡的一特征性变化即具有转录活性的核 DNA 被水解成 200 bp（碱基对）的染色质碎片，从而在凝胶电泳中形成梯度变化。DNA 链的断裂是胆碱缺乏的早期表现，将鼠肝细胞置于缺乏胆碱的培养基中可使之凋亡。

胆碱对脂肪有亲和力，可促进脂肪以磷脂形式由肝脏通过血液输送出去，或改善脂肪酸在肝中的利用，防止脂肪在肝脏里积聚。

胆碱是活性甲基的一个主要来源，为机体代谢提供甲基。

胆碱和磷脂具有良好的乳化特性，能阻止胆固醇在血管内壁的沉积并清除部分沉积物，改善脂肪的吸收与利用，抗动脉粥样硬化、降低血胆固醇、总酯，预防脂肪肝及心血管疾病。

胆碱在人体内与各种基团结合，形成各种具有重要生理功能的胆碱衍生物，如乙酰胆碱。乙酰胆碱是一种神经递质，与神经兴奋和传导有关。

2. 胆碱的摄取

动物已形成若干机制以保证生长发育中获得足够的胆碱：胎盘可调节向胎儿的胆碱运输，羊水中胆碱浓度为母血中 10 倍，新生儿大脑从血液中汲取胆碱的能力极强，此外，人类乳汁可为新生儿提供大量胆碱，保证胎儿和新生儿获得足够的胆碱。

胆碱缺乏导致动物（除反刍动物外）肝脏功能异常，出现大量脂质（主要为甘油三酯）积累。有报道胆碱缺乏与生长迟缓、骨质异常，造血障碍和高血压、不育症有关。

成人一天的饮食中应含有 500～900 mg 胆碱。富含胆碱的食物：蛋类、动物的脑、动物心脏与肝脏、绿叶蔬菜、啤酒酵母、麦芽、大豆卵磷脂。

（十）肌 醇

肌醇（结构如右所示）即环己六醇，广泛分布在动植物体内，为白色晶体，溶于水和乙酸，耐酸、碱及热，熔点 253°C，密度 1.752 g/cm³（15 ℃），无旋光性。在动物细胞中，主要以肌醇磷脂的形式出现，在谷物中则常与磷酸结合形成六磷酸酯即植酸，而植酸能与钙、铁、锌结合成不溶性化合物，影响人体对这些营养的吸收。

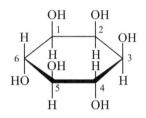

1. 肌醇的生理功能

肌醇在供给脑细胞营养上扮演重要的角色，有镇静作用，能促进毛发的生长，防止脱发，预防湿疹；肌醇有代谢脂肪和胆固醇的作用，可降低胆固醇和脂肪含量，帮助体内脂肪重新分布，预防动脉硬化。帮助清除肝脏的脂肪，可以用于脂肪肝、高脂血症的辅助治疗。

2. 肌醇的摄取

人体缺乏肌醇会得湿疹，头发易变白。一般每日的摄取量是 250～500 mg。

富含肌醇的食物：动物肝脏、啤酒酵母、白花豆（lima bean）、牛脑和牛心、美国甜瓜、葡萄柚、葡萄干、麦芽、未精制的糖蜜、花生、甘蓝菜、全麦谷物。

（十一）维生素 B_{15}（潘氨酸）

1. 维生素 B_{15} 的生理功能

维生素 B_{15}（结构如下）和维生素 E 一样，都是抗氧化剂，可延长细胞的寿命，缓解酒瘾，治疗慢性酒精中毒，防止宿醉；快速消除疲劳，使血液胆固醇降低，缓解冠状动脉狭窄和气喘症状，防止肝硬化，抵抗污染物质的侵害，刺激免疫反应，帮助合成蛋白质。主要用于抗脂肪肝，提高组织的有氧代谢率，也能用来治疗冠心病。

2. 维生素 B_{15} 的摄取

维生素 B_{15} 缺乏与腺体和神经的障碍、心脏病、肝脏组织抗氧化功能的衰退有关。有些人在开始服用维生素 B_{15} 时会有恶心的感觉，但是两三天以后就会消失。在一天之中食量最多的一餐后服用维生素 B_{15}，会使症状减轻。

成人每天维生素 B_{15} 摄取量是 $50 \sim 150$ mg。富含维生素 B_{15} 的食物有啤酒酵母、糙米、全麦、南瓜子、芝麻。

（十二）维生素 C

维生素 C 是一种含有 6 个碳原子的酸性多羟基化合物，分子式为 $C_6H_8O_6$，是无色单斜片晶或针晶，熔点 $190 \sim 192$ ℃，易溶于水，水溶液呈酸性。它能够治疗坏血病，所以称作抗坏血酸。天然存在的抗坏血酸有 L 型和 D 型 2 种，后者无生物活性。维生素 C 在酸性环境中稳定，空气中氧、热、光、碱性物质，特别是氧化酶及痕量铜、铁等金属离子促进其氧化破坏。氧化酶一般在蔬菜中含量较多，故蔬菜储存过程中都有不同程度流失。但在某些果实中含有的生物类黄酮，能保护其稳定性。

1. 维生素 C 的吸收与代谢

维生素 C 通常在小肠上方（十二指肠和空肠上部）被吸收，而仅有少量被胃吸收，同时口中的黏膜也吸收少许。

从小肠上方被吸收的维生素 C，经由门静脉、肝静脉输送至血液中，并转移至身体各部分的组织。当人摄入维生素 C 之后，脑下垂体、肾脏的维生素 C 浓度最高，其次是眼球、脑、肝脏、脾脏等部位。

小肠维生素 C 的吸收率根据维生素 C 的摄取量不同而有差异。当摄取量在 $30 \sim 60$ mg 时，吸收率可达 100%；摄取量为 90 mg 时，吸收率降为 80%左右。维生素 C 吸收率也受发烧、压力、长期注射抗生素或皮质激素等影响而降低，也因饭后和空腹而有所不同。寄生虫、服用矿物油、过量的膳食纤维等会妨碍维生素的吸收。

维生素 C 在体内的代谢过程仍无定论，在碱性溶液中，脱氢坏血酸分子中的内酯环容易被水解成二酮古洛酸，在动物体内不能变成内酯型结构，在人体内最后生成草酸或与硫酸结合成的硫酸酯，从尿中排出。因此，二酮古洛酸不再具有生理活性。

草酸是维生素 C 的一个代谢产物，它的排出量因人而异，平均一天有 $16 \sim 64$ mg 草酸经由肾脏排泄。

肾脏具有调节维生素 C 排泄的功能。当组织中维生素 C 达饱和量时，排泄量会增多；当组织含量不足时，排泄量则减少。当血浆浓度大于 14 μg/mL 时，尿内排出量增多，可经血液透析清除。

加热、光照、长时间储存都会造成维生素 C 的流失和分解。

2. 维生素 C 的功能

羟化反应是体内许多重要物质合成或分解的必要步骤，维生素 C 通过催化羟化反应，促进胶原、神经递质（5-羟色胺及去甲肾上腺素）合成，促进类固醇代谢。维生素 C 能提高氧化酶的活性，促进药物或毒物的解毒（羟化）过程，缓解铅、汞、镉、砷等重金属对机体的毒害。

高浓度的维生素 C 有助于蛋白质中的胱氨酸还原为半胱氨酸，进而促进免疫球蛋白合成，增强人体对疾病的抵抗力。

维生素 C 能使难以吸收的三价铁还原为易于吸收的二价铁，从而促进了铁的吸收。此外，维生素 C 还能维持巯基酶的活性，使亚铁配合酶等的巯基处于活性状态。维生素 C 能促进叶酸还原为四氢叶酸，故对巨幼红细胞性贫血也有一定疗效。故维生素 C 是治疗贫血的重要辅助药物。

食物含有的硝酸盐在唾液中的酶的作用下变成亚硝酸盐，在胃酸作用下，合成致癌物亚硝酸铵。维生素 C 具有良好的还原性，能与亚硝酸盐反应，阻断亚硝胺的形成，预防癌症。

维生素 C 是高效抗氧化剂，可通过逐级供给电子而转变为脱氢抗坏血酸，清除体内超氧负离子（O_2^{2-}）、羟自由基（OH·）、有机自由基（R·）和有机过氧基（ROO·）等自由基；防止黑斑、雀斑、皱纹形成，减轻抗坏血酸过氧化物酶（ascorbate peroxidase）基底的氧化应力（oxidative stress），使生育酚自由基重新还原成生育酚，生成的抗坏血酸自由基在一定条件下又可在 NADH2 的体系酶作用下还原为抗坏血酸。

维生素 C 在酪氨酸-酪氨酸酶反应中阻止黑色素合成，从而达到美白，淡斑的功效。

维生素 C 连接骨骼、牙齿、结缔组织，使骨头、牙齿保持健康，促进毛细血管壁的各个细胞间黏合，使血管坚韧而不易破裂，还能促进伤口愈合。

3. 维生素 C 的摄取

维生素 C 缺乏，羟脯氨酸和赖氨酸的羟基化过程不能顺利进行，胶原蛋白合成受阻，引起坏血病。早期表现为疲劳、倦怠、牙龈肿胀、出血、伤口愈合缓慢等，严重时可出现内脏出血而危及生命。

皮肤淤点为维生素 C 缺乏突出的表现，病人皮肤在受轻微挤压时可出现散在出血点，皮肤受碰撞或受压后容易出现紫癜和瘀斑。随着病情进展，病人可有毛囊周围角化和出血，毛发根部卷曲、变脆。齿龈常肿胀出血，容易引起继发感染，牙齿可因齿槽坏死而松动、脱落。亦可有鼻出血、眼眶骨膜下出血引起眼球突出。偶见消化道出血、血尿、关节腔内出血，甚至颅内出血。病人可因此突然发生抽搐、休克，以至死亡。

维生素 C 不足可影响铁的吸收，患者晚期常伴有贫血，面色苍白。贫血常为中度，一般为血红蛋白正常的细胞性贫血，在一系列病例中也有 1/5 病人为巨幼红细胞性贫血。

维生素 C 在体内分解代谢最终的重要产物是草酸，长期服用可出现草酸尿以致形成泌尿道结石。每日服 1 ~ 4 g，可引起腹泻、皮疹、胃酸增多、胃液反流，有时尚可见泌尿系结石、尿内草酸盐与尿酸盐排出增多、深静脉血栓形成、血管内溶血或凝血等，有时可导致白细胞吞噬能力降低。每日用量超过 5 g 时，可导致溶血，重者可致命。孕妇服用大剂量时，可能产生婴儿坏血病。

成人及孕早期妇女维生素 C 的推荐摄入量为 100 mg/d，中、晚期孕妇及乳母维生素 C 的推荐摄入量为 130 mg/d。维生素 C 的可耐受最高摄入量（UL）为 1000 mg/d。

食物中的维生素 C 主要存在于新鲜的蔬菜、水果中，鲜枣、沙棘、猕猴桃、柚子维生素 C 含量很丰富。蔬菜中绿叶蔬菜、青椒、番茄、大白菜等含量较高，在动物的内脏中也含有少量的维生素 C，但蔬菜煮的时间太久，维生素 C 会遭破坏。

维生素 C 是最不稳定的一种维生素，化学性质较活泼，遇热、碱和重金属离子容易分解。由于它容易被氧化，在食物储藏或烹调过程，甚至切碎新鲜蔬菜时都能被破坏。微量的铜、铁离子可加快其破坏的速度。所以新鲜的蔬菜、水果或生拌菜才是维生素 C 最好的来源，炒菜不可用铜、铁锅加热过久。

五、维生素的存在

维生素在人体物质代谢中起重要的调节作用，其需要量很少，常以毫克计，但由于人体不能自行合成或合成量不足，所以必须由食物供给。

水溶性维生素多含在植物性食物中，特别在新鲜的蔬菜和水果内含量较多，粗粮、豆类的含量也不少。水溶性维生素溶于水，随饮食摄入的水溶性维生素的多余部分极少在体内储存，大部分随尿液排出体外，因此机体所需的水溶性维生素必须每日由饮食提供。水溶性维生素的缺乏症状发展迅速，日常生活中多见水溶性维生素缺乏症的发生。

脂溶性维生素多含在动物性食物内，特别是在动物内脏和脂肪内较多，蔬菜、水果内也含一些。脂溶性维生素可溶解于脂肪和脂溶剂中，脂溶性维生素进入机体后如有多余则储存于体内脂肪组织内，只有少量的脂溶性维生素随胆汁的分泌排泄，因此机体不需要每日通过膳食摄入。此外，在食物中还存在着脂溶性维生素的前体物，如胡萝卜素（维生素 A 源）为维生素 A 的前体物。所以脂溶性维生素的缺乏症很少见。

维生素是人体不可缺少的物质，当人体缺乏维生素时，生长、发育、繁殖都要受到影响，新陈代谢也不能正常进行，会出现一系列的维生素缺乏症。这时，补充相应的维生素是非常必要的。但是维生素也有毒性，不能把维生素如鱼肝油当补品，长期、大量地服用。这样不仅浪费，还会产生毒性反应。

第五节　矿物质

一、概　述

矿物质（mineral），又称无机盐，是构成人体组织和维持正常生理功能必需的各种元素的总称。

人体 96% 是有机物和水分，4% 为矿物质。人体内约有 50 多种矿物质，其中 20 种左右元素是构成人体组织、维持生理功能、生化代谢所必需的，除 C、H、O、N 主要以有机化合物形式存在外，其余矿物质都以无机盐形式存在。

人体必需的矿物质钙、磷、镁、钾、钠、硫、氯 7 种的含量占人体 0.01% 以上，膳食摄入量大于 100 mg/d，被称为常量元素。而铁、锌、铜、钴、钼、硒、碘、铬 8 种矿物质含量占人体 0.01% 以下，膳食摄入量小于 100 mg/d，称为微量元素。锰、硅、镍、硼和钒 5 种是人体可能必需的微量元素；氟、铅、汞、铝、砷、锡、锂和镉等微量元素有潜在毒性，一旦摄入过量可能对人体造成病变或损伤，但在低剂量下对人体又是可能的必需微量元素。但无论哪种元素，和碳水化合物、脂类和蛋白质相比，都是非常少量的。

矿物质在人体内新陈代谢过程中发挥重要的功能，每天都有一定的矿物质通过粪便、尿液、汗液、头发等途径排出体外，矿物质在体内不能自行合成，必须通过饮食补充。人体内矿物质不足可能出现许多病症，但是，由于某些矿物质元素相互之间存在协同或拮抗效应，矿物质在体内的生理作用剂量与中毒剂量非常接近，如果摄取过多容易引起中毒。

矿物质在食物中和在体内组织器官中的分布不均匀，在我国人群中比较容易缺乏的有钙、铁、锌。在特殊地理环境或其他特殊条件下，也可能有碘、硒及氟、铬等其他元素的缺乏问题。

二、矿物质的一般功能

1. 在酶系统中起特异的活化中心作用

分子生物学的研究表明，矿物质通过与酶蛋白或辅酶等基团侧链结合，使酶蛋白的亚单位保持在一起，或把酶底物结合于酶的活性中心，提高酶的活性。迄今发现体内的 1000 余种酶中，多数需要微量元素参与激活。

2. 在激素和维生素中起特异的生理作用

某些矿物质是激素或维生素的成分，有些矿物质还参与了激素与维生素的合成。缺少这些矿物质，就不能合成相应的激素或维生素，机体的生理功能就会受到影响。例如：碘为甲状腺激素的生物合成及结构成分所必需；而锌对维持胰岛素的结构不可缺少。

3. 具有载体和电子传体的作用

某些矿物质具有载体和电子传递体的作用。如铁是血红蛋白中氧的携带者，把氧输送到各组织细胞；铁和铜作为呼吸链的传递体，传递电子，完成生物氧化。

4. 参与组织构成，维持体液平衡、神经肌肉兴奋性和细胞膜通透性

某些矿物质参与构成骨骼、牙、肌肉、腺体、血液、毛发等组织，维持神经、肌肉正常生理功能，维持心脏的正常搏动。矿物质在体液内与钾、钠、钙、镁等离子协同，可起调节渗透压和体液酸碱度的作用。钾、钠、钙、镁能维持神经肌肉兴奋性和细胞膜通透性。

5. 影响核酸代谢

对核酸的物理、化学性质均可产生影响。核酸中含有相当多的铬、铁、锌、锰、铜、镍等矿物质，影响核酸的代谢。多种 RNA 聚合酶中含有锌，而核苷酸还原酶的作用则依赖于铁。因此，微量元素在遗传中起着重要的作用。

6. 防癌、抗癌作用

有些矿物质，有一定的防癌、抗癌作用。如铁、硒等对胃肠道癌有拮抗作用；镁对恶性

淋巴病和慢性白血病有拮抗作用；锌对食管癌、肺癌有拮抗作用；碘对甲状腺癌和乳腺癌有拮抗作用。

三、各种矿物质的功能

（一）锌

1. 锌的生理功能

锌不仅是 DNA 聚合酶、RNA 聚合酶等几十种酶的必需成分，也是某些酶的激活剂，同近百种酶的活性有关，控制着蛋白质、脂肪、糖以及核酸的合成和降解等各种代谢过程。

锌影响激素分泌和活性。每个胰岛素分子结合 2 个锌原子，维持胰岛素的结构，提高胰岛素的活性，防治糖尿病。

锌影响性激素的合成和活性，促进性器官发育，提高性能力，大量锌存在于男性睾丸中，参与精子的生成、成熟和获能的过程。青少年一旦缺锌，会影响男性第二性征出现，精子数量减少、活力下降、精液液化不良，性功能低下，严重者可造成男性不育症；女性可出现月经不调或闭经，造成孕妇妊娠反应加重：嗜酸，呕吐加重，宫内胎儿发育迟缓，导致低体重儿，分娩合并症增多，产程延长、早产、流产，胎儿畸形，脑功能不全。

锌影响生长素的合成和活性。儿童和青少年缺锌，可使生长停滞，身材矮小、瘦弱；甚至侏儒。毛发色素变淡、指甲上出现白斑。

唾液内有一种唾液蛋白，称为味觉素，其分子内含有两个锌离子。锌通过味觉素影响味觉和食欲，味觉素还是口腔黏膜上皮细胞的营养素，缺锌后，口腔溃疡，口腔黏膜上皮细胞就会大量脱落，脱落的上皮细胞掩盖和阻塞乳头中的味蕾小孔，使食物难以接触味蕾小孔，自然难以品尝食物的滋味，从而使食欲降低，厌食，生长缓慢，面黄肌瘦，毛发脱落，口、眼、肛门或外阴部发红、丘疹、湿疹、口腔溃疡，受损伤口不易愈合，青春期痤疮等；如果严重，会出现异食癖，甚至导致死亡。

锌是免疫器官胸腺发育的营养素，促进 T 淋巴细胞正常分化，提高细胞免疫功能。缺锌可引起细胞免疫功能低下，使人容易患感染性疾病，如呼吸道感染、支气管肺炎、腹泻等。

锌在脑的生理调节中起着非常重要的作用，影响到神经系统的结构和功能，与强迫症等精神方面障碍的发生、发展具有一定的联系。缺锌使脑细胞减少，影响智力发育。

锌参与骨骼、皮肤正常生长，维持上皮黏膜组织的正常黏合，促进伤口愈合。如果缺锌，伤口长期不能愈合。对伤口或皲裂很深的口子，外科常采用氧化锌软膏，治疗效果较好。

锌与维生素 A 还原酶的合成及维生素 A 的代谢有关，促进维生素 A 吸收，提高暗光视觉，改善夜间视力。

2. 锌的摄取

当锌缺乏时，正常细胞变脆，易为渗透压所破碎，面部皮肤出现红斑，轻度贫血，碱性磷酸酯酶（AP），碳酸酐酶（CA），羧肽酶（CPA）等活性改变显著，DNA 的合成速率降低、细胞分裂速度降低，不同组织中蛋白质合成的速率发生了两极分化，引起血氨升高（蛋白质及核酸的降解加速）。

每人每天需锌 15 mg。我国儿童大都锌的摄取不足，挑食、偏食、长期不吃荤菜的儿童易缺锌。饮食越精细、高档锌含量越少。

牡蛎锌含量最高，其次为蟹肉、奶酪、瘦猪肉、牛肉、羊肉、动物肝肾、蛋类、可可、菠菜、蘑菇、鱼、花生、芝麻、核桃等。缺锌严重者可服用新稀宝等补锌产品。

（二）锰

锰广泛分布于生物圈内，但是人体内含量甚微，成人锰总量为 200 ~ 400 μmol，分布在身体各组织和体液中。骨、肝、胰、肾中锰浓度较高；全血和血清中的锰浓度分别为 200 nmol/L 和 20 nmol/L。线粒体中锰的浓度高于细胞质和其他细胞器。

1．锰的吸收

锰的吸收是一个迅速的可饱和过程，通过一种高亲和性、低容量的主动运输系统和一个不饱和的简单扩散作用完成的。全部小肠都能吸收锰，在锰吸收过程中，首先是从肠腔摄取锰，然后是跨过黏膜细胞输送，两个动力过程同时进行，锰、铁与钴竞争相同的吸收部位，三者中任何一个都会抑制另外两个的吸收。锰经肠道的排泄非常快，几乎完全经肠道排泄，仅有微量经尿排泄。

2．锰的生理功能

锰在人体蛋白质、核酸和糖代谢中有着重要作用，对心血管系统、神经系统、内分泌系统及免疫系统功能都有重要影响。

锰在人体内一部分作为金属酶组成部分，如精氨酸酶、丙酮酸羧化酶和锰超氧化物歧化酶；一部分作为酶的激活剂起作用，如水解酶、激酶、脱氢酶和转移酶等。锰通过与底物结合或直接与酶蛋白结合，引起分子构象改变。

锰促进骨骼的生长发育，维持正常的糖代谢和脂肪代谢，改善机体的造血功能。保护细胞中线粒体的完整，线立体中的许多酶都含有锰，线粒体多的组织含锰量高。

锰在维持正常脑功能中必不可少，锰还能与其他离子一同参与中枢神经系统神经递质的传递，与智力发展、思维、情感、行为均有一定关系。缺少时可引起神经衰弱综合征。癫痫病人、精神分裂症病人头发和血清中锰含量均低于正常人。

哺乳类动物的衰老可能与锰——过氧化物酶减少引起抗氧化作用降低有关，因而长寿可能与锰存在一定的关系。我国广西巴马县的长寿老人锰含量明显高于其他地区。

3．锰的摄取

锰缺乏可导致胰岛素的合成和分泌减少，影响糖代谢，葡萄糖耐量降低，脂质代谢异常；严重缺乏锰的动物有肝脂肪浓度高、低胆固醇血症和高密度脂蛋白低等表现。

锰缺乏可使人生长停滞，骨骼发生畸形，生殖机能发生障碍，患骨质疏松症妇女的血锰浓度偏低，而补充锰可改善绝经妇女的骨骼健康。孕妇缺锰，导致胎儿先天畸形，严重的不可逆的共济失调，肌肉运动不协调，缺乏平衡能力和头回缩，神经衰弱综合症，影响胎儿的脑发育。

成年人锰的适宜摄入量为 3.5 mg/d，最高可耐受摄入量为 10 mg/d。

谷类、坚果、叶菜类富含锰。茶叶内锰含量最丰富。香蕉、芹菜、蛋黄、绿叶蔬菜、豆类、肝脏、核桃、栗子、松子、乳酪含锰较高。

（三）碘

碘是人体的必需微量元素，有"智力元素"之称，是维持人体甲状腺正常功能所必需的元素。当人体缺碘时就会患甲状腺肿。碘的主要生理功能都是通过甲状腺素来完成的。

1. 碘的吸收

成人含碘 20～50 mg，80%～90%来自食物。食物中的碘化物还原成碘离子后在消化道经肠上皮细胞进入血浆，几乎完全被吸收。胃肠内含有钙、氟、镁等元素不利于碘的吸收，蛋白质与热量不足时，胃肠对碘的吸收也不好。被吸收的碘一部分被甲状腺上皮细胞摄取，被摄取的碘离子将被过氧化酶氧化成为元素碘，再由碘化酶作用与甲状腺蛋白结合而后储存。

2. 碘的生理功能

碘通过与甲状腺素结合促进三羧酸循环和生物氧化，协调生物氧化和磷酸化的偶联、调节能量转换，维持基本生命活动，维持垂体的生理功能。

甲状腺素能活化体内 100 多种酶，如细胞色素酶系、琥珀酸氧化酶系、碱性磷酸酶等，促进物质代谢。当蛋白质摄入不足时，甲状腺素有促进蛋白质合成作用；当蛋白质摄入充足时，甲状腺素可促进蛋白质分解。甲状腺素能加速糖的吸收利用，促进糖原和脂肪分解氧化，调节血清胆固醇和磷脂浓度等。

甲状腺素可促进组织中水盐进入血液并从肾脏排出，缺乏时可引起组织内水盐潴留，在组织间隙出现含有大量黏蛋白的组织液，发生黏液性水肿。

促进维生素的吸收利用。甲状腺素可促进烟酸的吸收利用，促进胡萝卜素转化为维生素A 及核黄素合成核黄素腺嘌呤二核苷酸等。

甲状腺素促进中枢神经系统和骨骼的正常发育。儿童的身高、体重、骨骼、肌肉的生长发育和性发育都有赖于甲状腺素。在人脑发育的初级阶段（从怀孕开始到婴儿出生后 2 岁），神经系统发育依赖甲状腺素，如果此时缺碘，会导致婴儿的脑发育落后，严重的在临床上称为"呆小症"，而且这个过程是不可逆的。

3. 碘的摄取

碘缺乏会导致人体的甲状腺过量增长，发生甲状腺肿大，生长和智力也受到影响，还能发生痴呆矮小的克汀病，导致胎儿流产、死胎、畸型。

山区地势较高，外地水土中的矿物质流不过来，而本地土壤中的矿物质会随雨水的冲刷流走一些，所以山区容易发生碘缺乏疾病，如甲状腺肿大、克汀病。相反，平原湖区由于地势低，各地土壤中的矿物质通过周围河流汇集于此，所以矿物质比较均衡。

人体摄入过多的碘也是有害的，日常饮食碘过量同样会引起"甲亢"。小儿误服较高浓度的碘剂，吸收后与组织中蛋白反应引起全身中毒病状，出现头晕、头痛、口渴、恶心、呕吐、腹泻、发热等症状，粪便中可带血，口腔内有碘味，口腔、食道和胃部有烧灼热和疼痛，口腔和咽喉部有水肿，呈棕色，病愈后可引起食管和胃的疤痕和狭窄。中毒严重的小儿面色苍白、呼吸急促、发绀、四肢震颤、意识模糊、定向力丧失、感觉障碍、言语杂乱，或有中毒性肾炎，出现血尿、蛋白尿，急性肾功能衰竭。过敏的病儿可引起过敏性休克，喉头水肿，重症还可出现精神症状、昏迷，如不能及时抢救，可引起大脑严重缺氧，损害中枢神经系统，从而影响小儿的智力发育。

中国营养学会推荐 6 个月以内婴儿每天需碘 40 mg，6 个月至 1 岁 50 mg，7 岁以前 70 mg，以后 120 mg，13 岁以后至成年（包括老年）均为 150 mg，但孕妇（孕妇食品）增至 175 mg，乳母增至 200 mg。

碘的丰富来源有海带、紫菜、海鱼、海虾、牛肝、菠萝、蛋、花生、猪肉、莴苣、菠菜、青胡椒、黄油、牛奶。

加碘盐是用碘化钾按一定比例与普通食盐混匀。国家规定在每克食盐中添加碘 20 µg。由于碘盐受热易分解出碘，碘化学性质比较活泼、易于挥发，含碘食盐在储存期间碘可损失 20%～25%，加上烹调方法不当又会损失 15%～50%，故炒菜或做汤菜时，要晚放盐。碘在酸性条件下极容易遭到破坏，因此在食用碘盐时，最好少放醋或不放醋。

（四）铁

铁是人体必需的微量元素，成人体内铁的总量为 4～5 g，其中 72%以血红蛋白、3%以肌红蛋白、0.2%以其他化合物形式存在；其余则为储备铁，约占总铁量的 25%，以铁蛋白的形式储存于肝脏、脾脏和骨髓的网状内皮系统中。

1. 吸收与代谢

食物中血红素铁主要存在于动物性食物中，比非血红素铁吸收好得多。非血红素铁平均占饮食铁的 85%以上，主要以三价铁与蛋白质和有机酸结合成配合物，在胃酸作用下，还原成亚铁离子，再与肠中的维生素 C、糖及氨基酸形成配合物，在十二指肠及空肠吸收。抗坏血酸、半胱氨酸能将三价铁还原成二价铁，有利于铁的吸收，同时，维生素 C、柠檬酸及苹果酸等有机酸还能与铁形成配合物，增加铁在肠道内的溶解度，有利于铁的吸收。维生素 A 能改善机体对铁的吸收和转运，维生素 B_6 则可提高骨髓对铁的利用率，维生素 B_2 可促进铁从肠道的吸收，当非血红素铁与鱼、肉、禽类等动物性蛋白质和维生素一起摄入时可提高其吸收，铜、钴、锰可促进铁的吸收，缺铜时，小肠吸收的铁减少，血红蛋白的合成也减少，这将直接导致人体发生缺铁性贫血。膳食中的碳酸盐、植酸、草酸、鞣酸等可与非血红素铁磷酸盐形成不溶性的铁盐而阻止铁的吸收，茶叶中的鞣酸和咖啡中的多酚类物质可以与铁形成难以溶解的盐类，抑制铁质吸收。铝、阿司匹林阻碍铁的吸收。

2. 铁的生理功能

铁参与氧的运输和储存。红细胞中的血红蛋白是运输氧的载体；血红蛋白中 4 个血红素和 4 个球蛋白结合使血红蛋白既能与氧结合又不被氧氧化，在从肺输送氧到组织的过程中起着关键作用。铁是血红蛋白的组成成分，与氧结合，把氧运输到身体的每一个部分，供细胞呼吸氧化，以提供能量，并将二氧化碳带出细胞。

人体肌红蛋白存在于肌肉中，由一个亚铁血红素和一个球蛋白链组成，也结合着氧，仅存在于肌肉组织内，是肌肉中的"氧库"，在肌肉中转运和储存氧，当运动时肌红蛋白中的氧释放出来，随时供应肌肉活动所需的氧。心、肝、肾这些具有高度生理活性细胞线粒体内储存的铁特别多，线粒体是细胞的"能量工厂"，铁直接参与能量的释放。

铁还是人体内氧化还原反应系统中电子传递的载体，也是一些酶如过氧化氢酶和细胞色素氧化酶等的重要组成部分。细胞色素是一系列血红素的化合物，通过其在线粒体中的电子传导作用，调节组织呼吸，对呼吸和能量代谢有非常重要的影响，如细胞色素 a、b 和 c 是氧化磷酸化、产生能量所必需的。

含铁酶中铁可以是非血红素铁，如参与能量代谢的 NAP 脱氢酶和琥珀酸脱氢酶，也可以是血红素铁，如对氧代谢副产物起反应的氢过氧化物酶，还有磷酸烯醇丙酮酸羟激酶（糖产生通路限速酶），核苷酸还原酶（DNA 合成所需的酶）等，对人体代谢起重要的作用。

铁调节 β-胡萝卜素转化为维生素 A、嘌呤与胶原的合成，脂类从血液中转运以及药物在肝脏的解毒等。

铁促进抗体的产生，增加中性白细胞和吞噬细胞的吞噬能力，提高机体的免疫力。铁缺乏抗体产生减慢，抗氧化酶活性降低，人体抵抗病原微生物的能力减弱。

铁对于贫血、注意力不集中、智力减退、食欲不振、异食症（如吃墙皮、破纸等）等均有治疗和预防作用。

3. 铁缺乏和过量的影响

铁缺乏可使血红蛋白含量和生理活性降低，携带的氧明显减少，从而影响大脑氧的供应，引起缺铁性贫血，轻者头晕耳鸣、注意力不集中、记忆力减退，面色、眼睑和指（趾）甲苍白，儿童生长缓慢，进一步发展还可出现心跳加快、心慌。肌肉缺氧，疲倦乏力，消化道缺氧，食欲不振、腹胀腹泻，甚至恶心呕吐。严重贫血时可出现心脏扩大、心电图异常，甚至心力衰竭等贫血性心脏病的表现，免疫功能下降。有的还出现精神失常或意识不清，神经痛、感觉异常等。

铁缺乏使体内含铁酶活性降低，造成许多组织细胞代谢紊乱，轻者面色萎黄，重者还有口角炎、舌黏膜萎缩、舌头平滑、充血并有灼热感，有时发生食道异物感、紧缩感或吞咽困难等症状。婴儿缺铁常则精神萎靡不振、不合群、爱哭闹，心理和智力损害，行为改变，肠道出血。儿童可出现偏食、异食癖（喜食土块、煤渣等）、反应迟钝、易怒不安、易发生感染等。

妊娠早期贫血导致早产、低出生体重儿及胎儿死亡，青春期女性会引起慢性萎黄病，育龄妇女缺铁导致全身乏力，无精打采，情绪易波动、郁闷不乐、不能自禁的流泪哭泣、记忆力减退、注意力不集中等症状。缺铁的妇女体温较正常妇女高，巩膜发蓝，因为铁是合成胶原的一个重要辅助因子，所以当体内缺铁后，阻断了胶原的合成，而使胶原纤维构成的巩膜变得十分薄弱，其下部的眼球血管膜就会显出蓝色。

缺铁会增加铅的吸收，引起铅中毒。近年医学研究发现，缺铁与老年性耳聋有关。

铁虽然是人体必需的微量元素，但当摄入过量可能导致铁中毒。当儿童口服过量的铁剂后，1 h 左右就可出现急性中毒症状，上腹部不适、腹痛、恶心呕吐、腹泻黑便，甚至面部发紫、昏睡或烦躁，急性肠坏死或穿孔，最严重者可出现休克而死亡。长期摄入铁过多，超过正常的 10~20 倍，就可能出现慢性中毒症状：肝、脾有大量铁沉着，肝硬化、骨质疏松、软骨钙化、皮肤呈棕黑色或灰暗、胰岛素分泌减少而导致糖尿病，影响青少年生殖器官的发育，诱发癫痫病（羊角疯）。

铁通过催化自由基的生成、促进脂蛋白的脂质和蛋白质的过氧化反应、形成氧化 LDL 等，参与动脉粥样硬化的形成，导致机体氧化和抗氧化系统失衡，直接损伤 DNA，诱发突变，与肝、结肠、直肠、肺、食管、膀胱等多种器官的肿瘤有关。

4. 铁的摄取

中国营养学会推荐婴儿至 9 岁儿童每天需铁 10 mg，10～12 岁儿童需铁 12 mg、13～18 岁的少年男性需铁 15 mg，少女 20 mg，成年女性为 18 mg，乳母、孕妇（孕妇食品）为 28 mg。

含铁丰富的食物有：蛋黄、海带、紫菜、木耳、猪肝、桂圆、猪血、麦胚。

婴幼儿要及时添加辅食：4～5 个月添加蛋黄、鱼泥、禽血等；7 个月起添加肝泥、肉末、血类、红枣泥等食物；

阿胶是中国传统的补血中药，乳酸亚铁是很好的二价补铁制剂。市场上常见的口服补铁制剂多为富马酸亚铁、硫酸亚铁、乳酸亚铁等。而前两者对肠胃的刺激要远远大于乳酸亚铁。

（五）钙

钙是人体中含量最多的矿物质，占体重的 1.5%～2.0%。其中 99% 的钙以骨盐形式存在于骨骼和牙齿中，其余分布在软组织中，细胞外液中的钙仅占总钙量的 0.1%。骨是钙沉积的主要部位，骨钙主要以非晶体的磷酸氢钙（$CaHPO_4$）和晶体的羟磷灰石[$3Ca_3PO_4×Ca(OH)_2$]两种形式存在，其组成和物化性状随人体生理情况而不断变动。新生骨中磷酸氢钙比陈旧骨多，骨骼成熟过程中逐渐转变成羟磷灰石。骨骼通过不断的成骨和溶骨作用使骨钙与血钙保持动态平衡。

钙在人体内是由甲状腺与甲状旁腺进行调节，使血钙与骨钙维持动态平衡。正常情况下，血液中的钙几乎全部存在于血浆中，在各种钙调节激素的作用下血钙相对恒定，为 2.25～2.75 mmol/L，儿童稍高，常处于上限。钙在血浆和细胞外液中的存在方式有：① 蛋白结合钙，约占血钙总量的 40%。② 可扩散结合钙，如柠檬酸钙、乳酸钙、磷酸钙等及与有机酸结合的钙，约占 13%，它们可通过生物膜而扩散。③ 血清游离钙，即离子钙，与上述两种钙不断交换并处于动态平衡之中，其含量与血 pH 有关。pH 下降，钙浓度增大，pH 增高，钙浓度降低。在正常生理 pH 范围，离子钙约占 47%。在 3 种血钙中，只有离子钙才直接起生理作用，激素也是针对离子钙进行调控并受离子钙水平的反馈调节。细胞内离子钙浓度远低于细胞外离子钙浓度，约 80% 的钙储存在细胞器（如线粒体、肌浆网、内质网等）内，不同细胞器内的钙并不相互自由扩散，10%～20% 的钙分布在胞质中，与可溶性蛋白质及膜表面结合，而游离钙仅占 0.1%。

1. 钙的吸收

膳食中钙主要以化合物的形式存在，经过消化后变成游离钙才能在 pH 较低的小肠上段被吸收。小肠钙吸收以主动转运为主，而且依赖维生素 D，当小肠腔内钙浓度较低时，钙的主动运转过程占主要地位。当小肠腔内钙浓度高时，被动弥散吸收过程占主要地位。

钙的吸收随年龄增长下降。维生素 D 是促进钙吸收的主要因素，某些氨基酸如赖氨酸、色氨酸、精氨酸等，可与钙形成可溶性钙盐，有利于钙吸收。乳糖可与钙螯合成低分子可溶性物质，促进钙的吸收。膳食钙磷比例对钙的吸收有一定的影响。人体对钙的需要量大时，钙的吸收率增加，需要量小时，吸收率则降低。妊娠、哺乳和青春期，钙的需要量最大，因而钙的吸收率最高。

食物中的植酸与草酸及碱性磷酸盐等在肠腔内与钙结合成不溶解的钙盐、会减少钙的吸收。过高的脂肪摄入由于大量脂肪酸与钙结合成为不溶性皂钙，从粪便中排出，尤以含不饱和脂肪酸较多的油脂为明显（这个过程也会引起脂溶性维生素 D 的丢失），引起钙吸收降低。

膳食纤维中的糖醛酸残基与钙结合，可影响钙的吸收。

2. 钙的生物学功能

钙的主要生物学功能是通过与钙调素结合，激活钙调素，通过活化的钙调素调节一系列酶的活性。钙调素是一种分子量为 16700 的单链蛋白质，由 148 个氨基酸组成，其中没有半胱氨酸，谷氨酸和天冬氨酸占 1/3，等电点为 4.3，是酸性蛋白质，一级结构已经测定。不同生物来源的钙调素，其氨基酸组成和顺序完全一样或仅有少许差异，它耐酸，耐热，十分稳定。

钙调素和细胞内很多种酶，如 cAMP 磷酸二酯酶、cAMP 和 cGMP 环化酶、糖原磷酸化酶激酶、糖原合酶激酶、蛋白质激酶、蛋白磷酸激酶、NAD 激酶、肌球蛋白轻链激酶和钙离子-ATP 酶等的作用有关。这些酶分别涉及 cAMP 的合成及分解，糖原的分解及合成，蛋白质的磷酸化及去磷酸化，NADP 水平的调节，平滑肌的收缩及非肌肉细胞的运动，细胞内微管的解聚，和细胞内钙离子浓度的维持等。在每个钙调素分子内有 4 个可与钙离子结合的区域，它们的一级结构极为相似。细胞内钙离子水平通常维持在 10^{-7} mol/L 左右，当外来的刺激使细胞内钙离子的浓度瞬息间升高至 $10^{-6} \sim 10^{-5}$ mol/L 浓度时，钙调素即与钙离子结合，构象改变，螺旋度增加，成为活性分子，进而与特定的酶结合，使之转变成活性态。当钙离子浓度低于 10^{-6} mol/L 浓度时，钙调素与钙离子分离，钙调素和酶都复原为无活性态。因此，钙离子浓度控制细胞内很多重要的生化反应。在细胞分裂周期和细胞癌变时，钙调素基因的表达加强。

钙是人体内 200 多种酶的激活剂，加速新骨的钙化与成熟，从而促进人体的生长发育。

钙是构成骨骼和牙齿的主要成分，是人体内含量最多的无机盐，在骨骼内钙的沉淀与溶解持续不断进行，保持动态平衡。正常人体内钙的含量为 1200 ~ 1400 g，占人体重量的 1.5% ~ 2.0%，其中 99% 存在于骨骼和牙齿之中。另外，1% 的钙大多数呈离子状态存在于软组织、细胞外液和血液中，与骨钙保持着动态平衡。

钙还参与凝血过程，凝血每一步骤都需要钙的参加，钙能刺激血小板，促使伤口血液凝结。

钙是神经信号传导所必需，促进神经递质的产生和释放，调节神经和肌肉的兴奋性，缺钙会引起甲状旁腺不能及时分泌甲状旁腺素，以致血钙降低，引起神经肌肉的兴奋性增高，出现全身惊厥、手足痉挛和喉痉挛，伴发阵发性呼吸暂停和短时间窒息，引起缺血缺氧性脑损伤，神经性偏头痛、烦躁不安、失眠。婴儿夜惊、夜啼、盗汗，诱发儿童的多动症。

钙降低血中胆固醇的浓度，调节心脏搏动，控制心率、血压和冠心病。缺钙会造成钙内流，持续的钙内流，促使血管壁弹性纤维和内皮细胞钙化、变性，甚至出现裂痕，外周阻力进一步增大，血压升高。由于血管内壁损伤，脂类通透性增大，血脂浸入血管壁的损伤处，在血管壁上沉积。血管内皮细胞损伤而分泌内皮素和某些激活因子，引起血小板和白细胞在血管壁上黏附、聚集，又激活补偿性生理反应，促使血管平滑肌和成纤维细胞增生和内膜下移位，致使动脉管壁增厚、变硬，于是层层叠叠，引起动脉粥样硬化和冠心病。

钙参与肌肉的收缩活动。在肌肉收缩过程中，当骨骼肌受到刺激后，肌浆网中大量的钙将释放出来，细胞外的钙离子进入细胞内，细胞液中的钙离子浓度增加产生肌肉收缩，然后又在钙泵作用下使肌肉内钙离子排出到细胞外产生肌肉舒张。如果钙在肌肉中的平衡状态遭到破坏，引起体内所有平滑肌和心肌的不正常运动，丧失控制运动的平衡和协调机能，导致骨骼肌的疼痛、抽搐。

钙还可以预防铅中毒，人体会吸收钙而使铅的吸收减少。

钙预防尿路结石：蔬菜中含有大量草酸盐，一般情况下，草酸盐在肠道内与钙结合成草酸钙随粪便排出。如果钙的摄入不足，多余草酸盐经肠壁吸收而进入血液，最终由肾脏排出。如果人体长期处于负钙平衡状态，肾脏细胞会出现细胞反常钙内流，肾脏回吸收功能减退，尿钙排出增多。高钙尿液与尿中草酸盐结合，形成草酸钙结石。

钙阻抑肠细胞癌变：高脂饮食会过度刺激胆汁的分泌，过量的脂肪酸和胆汁酸是引起结（直）肠细胞癌变的触发剂。补充足量的钙，钙离子与脂肪酸和胆汁酸结合，形成不溶性脂肪酸钙和胆汁酸钙随粪便排出，从而消除癌变的触发因子，就能阻抑肠细胞癌变。

人体血钙升高后可增加激素降钙素的分泌，而降钙素可降低人的食欲，减少进餐量；另外，足量的钙特别是离子钙，在肠道中能与食物中的脂肪酸、胆固醇结合，阻断肠道对脂肪的吸收，使其随粪便排出。此法更适宜于儿童减肥，无任何副作用。

钙预防近视：眼球缺钙，眼压就不能维持正常，导致近视形成。

钙防腹痛：由于血钙是维持神经肌肉正常兴奋的重要因素，一旦偏低，神经肌肉的兴奋性就增高，肠壁平滑肌产生强烈收缩而引起腹痛，此时补足钙质可收到"立竿见影"的治疗效果。

钙预防骨质疏松和骨质增生。钙摄入不足，造成血钙水平下降，当血钙水平下降到一定阈值时，就会促使甲状旁腺分泌甲状旁腺素。甲状旁腺素将骨骼中的钙抽调出来，以维持血钙水平。持续的低血钙，导致甲状旁腺分泌亢进，骨钙持续大量释出，导致骨质疏松和骨质增生。另一方面，由于甲状旁腺素促进细胞膜钙通道开启而关不住，阻抑钙泵，使钙泵功能减弱，造成细胞内钙含量升高。持续的细胞内高钙，激发细胞代谢亢进，造成细胞能量耗竭。同时，代谢废物又得不到及时消除，致使细胞钙化衰亡。

钙增强（调节）细胞和毛细血管的通透性，缺钙导致过敏、水肿、皮肤松垮，衰老；眼睛晶状体缺弹性，易近视、老花；血管缺弹性易硬化。

3. 钙缺乏的影响

小儿：常表现为多汗，与温度无关，使小儿头颅不断摩擦枕头，久之颅后可见枕秃圈，夜间常突然惊醒，啼哭不止，前额高突，形成方颅，出牙晚。

儿童：夜惊、夜啼、烦躁、盗汗、厌食、方颅、佝偻病、骨骼发育不良、免疫力低下。

青少年：腿软、抽筋、疲倦乏力、烦躁、精力不集中、偏食、厌食、蛀牙、牙齿发育不良、易感冒、易过敏。

青壮年：经常性的倦怠、乏力、抽筋、腰酸背痛、易感冒、过敏。

孕产妇：小腿痉挛、腰酸背痛、关节痛、浮肿、妊娠高血压等。

中老年：腰酸背痛、小腿痉挛、骨质疏松和骨质增生、骨质软化、各类骨折、高血压、心脑血管病、糖尿病、结石、肿瘤等。

尽管钙质的补充对人体健康是很重要的，但是每天补充量不能超过 2500 mg 钙离子；补充过量会影响其他人体必需矿物质如铁、锌等的吸收。

4. 钙的摄取

钙的推荐每日供给量如下：

从初生到 10 岁儿童 600 mg，10～13 岁 800 mg，13～16 岁 1200 mg，16～19 岁 1000 mg，

成年男女 800 mg，孕妇 1500 mg，乳母 2000 mg。青春期前儿童生长发育迅速，钙的需要量也相对最大，可达成人需要量的 2 ~ 4 倍。

牛奶、酸奶、奶酪、泥鳅、河蚌、螺、虾米、小虾皮、海带、酥炸鱼、牡蛎、花生、芝麻酱、豆腐、松籽、甘蓝菜、花椰菜、白菜、油菜等是钙质含量高的食物。由于牛乳中含有丰富的乳糖，乳糖可与钙螯合成低分子可溶性物质，促进钙的吸收，其吸收率大大高于其他普通钙，食用乳钙后不会导致气胀、浮肿、便秘，所以乳钙是目前婴儿补钙的最佳来源。

蛋壳含有极高的钙，把蛋壳磨成粉末然后撒到食物中或放进白开水中食用或饮用，有利于人体对钙的吸收。

运动可使肌肉互相牵拉，刺激骨骼，加强血液循环和新陈代谢，减少钙质丢失，推迟骨骼老化，有利于人体对钙的吸收。

紫外线能够促进体内 VD 的合成，利于钙的吸收。所以晒太阳促进钙的吸收。

人体早上对钙的吸收能力最强，所以要吃好早餐。

对含草酸多的蔬菜先焯水破坏草酸，然后再烹调，如甘蓝菜、花椰菜、菠菜、苋菜、空心菜、芥菜、雪菜、竹笋。

固体钙必须经过胃酸分解，使钙从复合物中游离出来，才能便于吸收。所以一般固体钙都会存在伤胃的隐患，并有产气、反胃等不适。液态的钙由于钙离子游离程序更简单、直接，更易吸收，安全性更高。

（六）磷

1. 磷的生理功能

磷是所有细胞中核糖核酸、脱氧核糖核酸的构成元素之一，对生物的遗传、代谢、生长发育、能量供应等发挥重要作用。

磷也存在于高能磷酸化合物中，如有机磷酸盐、ATP、磷酸肌酸等都含有磷，具有储存和转移能量的作用。

磷作用于各种的酶，使其磷酸化或去磷酸化，调控酶的活性，促进碳水化合物、脂类和蛋白质的代谢。

磷是生物体所有细胞膜磷脂的成分，维持细胞膜的完整性、通透性。

磷调节血浆及细胞中的酸碱平衡，促进物质吸收。在骨的发育过程中，钙和磷的平衡有助于无机盐的利用。磷酸盐能调节维生素 D 的代谢，维持钙的内环境稳定。

磷刺激神经肌肉，有益于神经和精神活动，使心脏和肌肉有规律地收缩。

磷和钙都是骨骼牙齿的重要构成元素，促进骨骼和牙齿的钙化。骨骼和牙齿的主要成分是磷灰石，它就是由磷和钙组成的。人到成年时，虽然骨骼已经停止生长，但其中的钙与磷仍在不断更新，每年约更新 20%。可是牙齿一旦长出后，便会失去自行修复的能力。

2. 磷的摄取

缺磷使人疲劳，肌肉酸痛，食欲不振。磷过量会影响其他矿物质平衡，减少钙的吸收，导致各种钙缺乏症，骨质疏松易碎、牙齿蛀蚀、精神不振，高磷血症。

成人磷适宜摄入量为 700 mg/d。母乳和牛乳含磷都很多，芦笋、麦麸、啤酒酵母、玉米、乳制品、蛋、鱼、大蒜、豆科植物、核果、芝麻、葵瓜子、南瓜子、肉、家禽、鲑鱼、等食物中都含有丰富的磷。发酵食品则利于磷的吸收。

（七）铜

铜是人体必需的矿物质，通常与蛋白质或其他有机物结合，而不以自由铜离子的形式存在，很多是金属蛋白，以酶的形式起着功能作用，存在于所有器官和组织中，肝脏是储存铜的仓库，含铜量最高。脑和心脏也含有较多的铜。

1. 铜的吸收与排泄

铜的吸收率 30%～40%，胃、十二指肠和小肠上部是铜的主要吸收部位，其肠吸收是主动吸收过程。膜内外铜离子的转运体为 ATP 酶，依靠天冬氨酸残基磷酸化供能，能将主动吸收的铜与门静脉侧支循环中的白蛋白结合，运至肝脏进一步参与代谢。

铜主要通过胆汁排泄，胆汁中含有低分子和高分子量的铜结合化合物，前者多存在肝胆汁中，后者则多在胆囊胆汁中。铜可以通过溶酶体的胞吐作用或 ATP 酶的铜转移作用而进入胆汁内，胆汁中的铜也可以是肝细胞溶酶体对存在于胆汁中铜结合蛋白分解的结果。血浆中铜大多与铜蓝蛋白结合或存在于肾细胞内，很少滤过肾小球，正常情况下尿液中含铜量甚微。当铜的排泄、存储和铜蓝蛋白合成失衡时会出现铜尿。

2. 铜的生理功能

铜与人体酶蛋白质结合，参与多种金属酶的合成，活化许多关键酶，如亚铁氧化酶、细胞色素 C 氧化酶、铜锌超氧化物歧化酶、赖氨酸氧化酶等。其中的氧化酶是构成心脏血管的基质胶原和弹性蛋白形成过程中必不可少的，而胶原又是将心血管的肌细胞牢固地连接起来的纤维成分，弹性蛋白则具有促使心脏和血管壁保持弹性的功能。因此，铜一旦缺乏，此类酶的合成减少，心血管就无法维持正常的形态和功能，从而给冠心病入侵以可乘之机。铜以酶的辅助因子形式参与氧化磷酸化、葡萄糖和胆固醇的代谢、自由基解毒、儿茶酚胺代谢、结缔组织交联、铁和氨类氧化、尿酸代谢，影响头发、皮肤、骨骼的发育，以及心脏、肝脏和免疫系统的功能等。

铜参与造血过程，有利于血红蛋白的合成，影响铁的吸收、运输与利用。血红蛋白中的铁是三价铁离子，而食物中的铁是二价离子，二价铁离子要转化成三价铁离子，有赖于含铜的活性物质——血浆铜蓝蛋白的氧化作用。血浆铜蓝蛋白是小肠黏膜上皮细胞及其他细胞膜表面的铁转入球蛋白的直接携带者，血浆铜蓝蛋白有多酚氧化酶和铁氧化酶的作用，在氧的作用下，把肝脏和肠黏膜上皮细胞放出的铁氧化成三价铁，以便很快和血浆里的球蛋白结合，形成运铁蛋白，解除抑制铁吸收的因子，使铁循环使用。铜可促使无机铁变为有机铁，促进铁由储存场所进入骨髓，加速血红蛋白和卟啉的合成。

铜是大脑神经递质的重要成分，如果摄取不足可致神经系统失调，大脑功能会发生障碍，细胞色素氧化酶减少，活力下降，从而使记忆衰退、思维紊乱、反应迟钝，甚至步态不稳、运动失常等。

育龄女性要怀孕也离不开铜。据产科医生研究，妇女缺铜就难以受孕，即使受孕也会因缺铜而削弱羊膜的厚度和韧性，导致羊膜早破，引起流产或胎儿感染。

人体的衰老是因为体内的自由基特别是羟自由基通过脂质过氧化反应，损害细胞膜，破坏细胞核的遗传物质，使许多重要酶的活性降低甚至消失导致的。含铜的金属硫蛋白、超氧化物歧化酶等具有较强的清除自由基的功能，保护人体细胞不受其害。

人体摄入足够的铜，可在流感病毒表面聚集较多的铜离子，维生素 C 与病毒表面的铜离子发生作用，构成一种可以分离的含有活性氧离子的不稳定化合物，促使含有蛋白质的病毒表面发生破裂，进而置病毒于死地。为此，专家将维生素 C 与铜元素称为一对防治流感的最佳"搭档"。

缺铜可使人体内的酪氨酸酶的形成困难，导致酪氨酸转变成多巴的过程受阻。多巴为多巴胺的前体，而多巴胺又是黑色素的中间产物，最终妨碍黑色素的合成，遂引起头发变白。

3. 铜的摄取

铜的缺乏会减少铁的吸收和血红素的形成，发生与缺铁类似的贫血。缺铜可致脑组织萎缩、灰质和白质退行性病变、神经元减少、神经发育停滞、嗜睡、运动受限，人体骨骼变脆、生长发育受到影响，抗病力降低等。铜作为重金属，摄入过量会使蛋白质变性。如硫酸铜对胃肠道有刺激作用，误服引起恶心、呕吐、口内有铜味、胃烧灼感。严重者有腹绞痛、呕血、黑便，可造成严重肾损害和溶血，出现黄疸、贫血、肝大、血红蛋白尿、急性肾功能衰竭和尿毒症，对眼和皮肤有刺激性，长期接触可发生接触性皮炎。

每日铜的"安全和适宜的摄入量是：半岁前婴儿每天需 0.5 ~ 0.7 mg，半岁至 1 岁每天 0.7 ~ 1.0 mg，1 岁以上每天 1.0 ~ 1.5 mg，4 岁以上每天 1.5 ~ 2.0 mg，7 岁以上每天 2.0 ~ 2.5 mg，11 岁以上至成年为每天 2.0 ~ 3.0 mg。

足月生下的婴儿体内含铜量约为 16 mg，按单位体重比成年人要高得多，其中约 70% 集中在肝中，由此可见，胎儿的肝是含铜量极高的。从妊娠开始，胎儿体内的含铜量就急剧增加，约从妊娠的第 200 天到出生，铜含量约增加 4 倍。因此，妊娠后期是胎儿吸收铜最多的时期，早产儿易患缺铜症就是这个原因。孕妇体内铜的浓度在妊娠过程中逐渐上升，这可能与胎儿长大体内雌激素水平增加有关。正常情况下，孕妇不需要额外补充铜剂，铜过量可产生致畸作用。

食物中铜的丰富来源有口蘑、海米、茶、榛子、葵花子、芝麻酱、西瓜子、核桃、黑胡椒、可可、肝等。

（八）硒

硒是人体必需的微量元素。人体缺硒可引起某些重要器官的功能失调，导致许多严重疾病发生，全世界 40 多个国家处于缺硒地区，中国 22 个省份的几亿人口都处于缺硒或低硒地带，这些地区的人口肿瘤、肝病、心血管疾病等发病率很高。

1. 硒的生理功能

人体在新陈代谢的过程中会产生许多自由基。硒是谷胱甘肽过氧化物酶（GSH-Px）的组成成分，每摩尔的 GSH-Px 中含 4 mol/L 硒，此酶催化还原性谷胱甘肽（GSH）与过氧化物的反应，具有抗氧化作用，GSH-Px 与维生素 E 抗氧化的机制不同，两者可以互相补充，具有协同作用，是重要的自由基清除剂（是维生素 E 的 50 ~ 500 倍），清除血液中脂质过氧化物，阻止其在血管壁上沉积，保护动脉血管壁上细胞膜的完整，调节体内胆固醇及甘油三酯，降低血液黏度，减少动脉粥样硬化及血栓形成，预防心血管病的发生。

脂质过氧化是糖尿病产生的重要原因，糖尿病病人的高血糖也会引发体内自由基的产生。硒可以提高机体抗氧化能力，阻止自由基对生物膜损害，防止胰岛 β 细胞氧化破坏，使胰岛细胞正常分泌胰岛素，促进糖代谢，改善糖尿病患者的症状。

硒能消除对眼睛有害的自由基，保护视网膜免受电脑辐射损伤，预防白内障、视网膜病、夜盲病等的发生，增强玻璃体的光洁度，提高视力。

人类精子细胞含有大量的不饱和脂肪酸，易受精液中氧自由基攻击，诱发脂质过氧化，从而损伤精子膜，使精子活力下降，甚至功能丧失，造成不育。硒具有强大的抗氧化作用，可清除过剩的自由基，抑制脂质过氧化作用，保护男性生殖能力。

硒缺乏使产生的大量自由基也无法及时清除，影响人体的脑功能，导致儿童癫痫的发生，焦虑、抑郁和疲倦。

硒增高癌细胞中环腺苷酸（CAMP）的水平，抑制癌 DNA、RNA 和蛋白质合成，干扰致癌物质的代谢，抑制癌细胞生长及其分裂和增殖，抑制肿瘤血管形成与发展，切断肿瘤细胞的营养供应，使肿瘤得不到营养，逐渐枯萎、消亡；同时由于切断了肿瘤的代谢渠道，肿瘤组织自身废物不能排出，肿瘤逐渐变性坏死。硒促进淋巴细胞产生抗体，提高机体免疫能力，增强机体防癌和抗癌能力，减少恶心、呕吐、肠胃功能紊乱，食欲减退、严重脱发、白细胞的下降等放化疗时的毒副反应，降低肿瘤细胞的耐药性。

肝病是病毒引起，而病毒在人体缺硒时极易变异，变异的病毒会逃避身体免疫监控，降低治疗药物的作用。补硒有利于阻断病毒的变异，刺激体液免疫和细胞免疫，增加免疫球蛋白 IgM、IgG 的产生，提高中性粒细胞和巨噬细胞吞噬异物的作用，提高肝脏自身的抗病能力，有助于防止肝病的反复发作，加速病体的康复。硒通过谷胱甘肽过氧化物酶的抗氧化作用，清除自由基，加快脂质过氧化物的分解，防止肝纤维化，促进肝功能恢复，阻止胃黏膜坏死，促进黏膜的修复和溃疡的愈合，预防癌变。

硒抑制镉对人体前列腺上皮的促生长作用。硒缺乏导致内分泌失调，使前列腺聚集镉而引发前列腺增生甚至肿瘤。

硒作为带负电荷的非金属离子，在生物体内可以与带正电荷的有害金属离子如镉、汞、砷、铅相结合，形成金属硒蛋白质复合物，把能诱发癌变的有害金属离子直接排出体外，消解金属离子的毒性。

硒能防止骨髓端病变，促进修复，对克山病、大骨节病两种缺硒地方性疾病和关节炎有很好的预防和治疗作用。

2. 硒的摄取

人体每天从食物中摄取硒 2400～3000 μg，长达数月之久会导致慢性硒中毒。表现为脱发、脱指甲、头晕、头痛、倦怠无力、口内金属味、恶心、呕吐、食欲不振、腹泻、呼吸和汗液有蒜臭味，还可有肝大、肝功能异常，自主神经功能紊乱，尿硒增高，小儿发育迟缓，毛发粗糙脆弱，甚至有神经症状及智能改变。

2000 年制订的《中国居民膳食营养素参考摄入量》明确提出：18 岁以上者硒元素推荐摄入量为 50 μg/d，可耐受最高摄入量为 400 μg/d。

含硒较高食物的有鱼类、虾类等水产品，其次为动物的心、肾、肝。蔬菜中含量最高的为金花菜、荠菜、大蒜、蘑菇。其次为豌豆、大白菜、南瓜、萝卜、韭菜、洋葱、番茄、莴苣等。部分水果中也含有硒，如、桂圆、软梨、苹果等。营养学家提倡补充有机硒，如硒酸酯多糖、硒酵母、硒蛋、富硒蘑菇、富硒麦芽、富硒天麻、富硒茶叶、富硒大米等。

（九）钴

钴经消化道和呼吸道进入人体，一般成年人体内含钴量为 1.1~1.5 mg。在血浆中无机钴附着在白蛋白上。体内钴 14%分布于骨骼，43%分布于肌肉组织，43%分布于其他软组织中。

1. 钴的生理功能

钴是唯一一种以维生素的形式表现出生物活性的微量元素。与维生素 B_{12} 形成配合物，含有一个与卟啉相似的环，钴处于环的中心，是维生素 B_{12} 的核心部分。维生素 B_{12} 是胸腺嘧啶核糖核苷酸合成以及 DNA 生物合成与转录所必需的甲基转移酶的辅酶，在许多酶中起着分子重排作用。钴通过维生素 B_{12} 参与核糖核酸及血红蛋白的合成，促进红细胞分裂及脾脏释放红细胞，钴抑制细胞内呼吸酶，使组织细胞缺氧，反馈刺激红细胞生成素产生，进而促进骨髓造血。钴促进肠黏膜对铁的吸收，加速储存铁进入骨髓，从而促进造血功能。若缺乏维生素 B_{12} 则骨髓细胞的脱氧核糖核酸合成期（S 期）和合成后期（G_2 期）的时间延长，从而产生巨红细胞性贫血。

钴促进锌在肠道吸收，在碘缺乏时钴能激活甲状腺，拮抗碘缺乏所产生的影响，人体甲状腺功能紊乱不仅由于环境中的碘和钴含量低，并且还决定于两者之间的比值。

钴可激活很多酶，如能增加人体唾液中淀粉酶、胰淀粉酶和脂肪酶的活性，对糖类和蛋白质代谢以及人体生长、发育都有重要影响。如钴促进肝糖原和蛋白质合成，并可扩张血管、降低血压等。钴还有去脂作用，防止脂肪在肝细胞内沉着，预防脂肪肝。

2. 钴的摄取

人体对钴的生理需要量不易准确估计，1972 年世界卫生组织推荐成人适宜摄入量为 60 μg/d，可耐受最高摄入量为 350 μg/d。

含钴丰富的食品有：牛肝、蛤肉类、小羊肾、火鸡肝、小牛肾、鸡肝、牛胰、猪肾。含钴较多的食物有：瘦肉、蟹肉、沙丁鱼、蛋和干酪

（十）铬

铬是人体内必需的微量元素之一，铬在人体内的含量约为 7 mg，主要分布于骨骼、皮肤、肾上腺、大脑和肌肉之中。

1. 铬的生理功能

铬是葡萄糖耐量因子（GIF）的组成部分，参与机体的糖代谢，帮助胰岛素促进葡萄糖进入细胞代谢产生能量，提高胰岛素作用效率，维持人体正常的葡萄糖耐量，是重要的血糖调节剂。

在胰岛素的存在下，铬可以促进眼球晶状体对葡萄糖的吸收，促进糖原的合成，对人体眼球巩膜的正常生理功能形成和坚韧性也起一定作用。近视眼的发生和糖尿病人的白内障都与人体缺铬有关。

铬提高高密度脂蛋白（HDL，对人体有利的脂蛋白）含量，促进胆固醇的分解与排泄，

使血中胆固醇含量下降，减少胆固醇在动脉壁上的沉着，从而预防动脉硬化和心血管病的发生。减缓人体的血管老化速度。

甘氨酸、丝氨酸和蛋氨酸等合成蛋白质需要铬的参与。铬维持核酸结构的完整性，Cr（Ⅲ）可能与磷酸根相结合，从而促进 DNA 的合成，参与基因表达的调节。

2. 铬的摄取

人体缺铬时，很容易表现出糖代谢失调，就会患糖尿病，诱发冠状动脉硬化导致心血管病，严重的会导致白内障、失明、尿毒症等并发症。严重缺铬时，会出现体重减轻、末梢神经疼痛等症状，胰岛素含量降低，血中葡萄糖不能被人体利用，诱发高胆固醇血症。

过量铬的毒性与其存在的价态有极大的关系，六价铬的毒性比三价铬高约 100 倍，六价铬化合物在高浓度时具有明显的局部刺激作用和腐蚀作用，低浓度时为常见的致癌物质。在食物中大多为三价铬，其口服毒性很低，可能是由于其吸收非常少。

每人每日需铬 20～50 mg。含铬量比较高的食物有主要是一些粗粮，如我们通常食用的小麦、花生、蘑菇等，另外胡椒、动物的肝脏、牛肉、鸡蛋、红糖、乳制品等都是含有铬元素比较高的食品。

（十一）钼

1. 钼的生理功能

钼是重要微量元素之一。钼通过各种钼酶的氧化还原作用，调节人体代谢。钼是人体肝、肠黄嘌呤氧化酶、醛类氧化酶的组成成分，也是亚硫酸肝素氧化酶的组成成分。钼酶催化一些底物的羟化反应，黄嘌呤氧化酶催化次黄嘌呤转化为黄嘌呤，然后转化成尿酸。醛氧化酶催化各种嘧啶、嘌呤、蝶啶及有关化合物的氧化和解毒。亚硫酸盐氧化酶催化亚硫酸盐向硫酸盐的转化。

钼酸盐可保护肾上腺皮质激素受体，钼还有明显防龋作用，钼对尿结石的形成有强烈抑制作用。

2. 钼的吸收和排泄

膳食及饮水中的钼化合物，极易被吸收。经口摄入的可溶性钼酸铵有 88%～93%可被吸收。膳食中的各种含硫化合物对钼的吸收有相当强的阻抑作用，

钼酸盐被吸收后仍以钼酸根的形式与血液中的巨球蛋白结合，并与红细胞有松散的结合。血液中的钼大部分被肝、肾摄取。在肝脏中的钼酸根一部分转化为含钼酶，其余部分与蝶呤结合形成含钼的辅基储存在肝脏中。身体主要以钼酸盐形式通过肾脏排泄钼。此外也有一定数量的钼随胆汁排泄。

3. 钼的摄取

钼的毒性虽低，但过量的食入会加速人体动脉壁中弹性物质——缩醛磷脂氧化。土壤含钼过高的地区，癌症发病率较低但痛风病、全身性动脉硬化的发病率较高。

2000 年中国营养学会制订了中国居民膳食钼参考摄入量，成人适宜摄入量为 60 μg/d；最高可耐受摄入量为 350 μg/d。

扁豆、豌豆、牛肝、牛肾、牛肉、鱼、鸡、全麦、土豆、葱、花生、椰子、猪肉、小羊

肉、绿豆、蟹、杏、葡萄干含钼较高。

（十二）氟

1. 氟的生理功能

人体骨骼的 60%为骨盐，而氟能与骨盐结晶表面的离子进行交换，形成氟磷灰石而成为骨盐的组成部分，使骨质坚硬。适量的氟有利于钙和磷的利用及在骨骼中沉积，加速骨骼的形成、生长，并维护骨骼的健康。

氟有预防龋齿、保持人牙齿健康的作用。氟的防龋机理与氟对骨骼代谢的作用一致。氟在牙釉质大部分矿化之后，仍能取代羟基磷灰石的羟基，形成氟磷灰石，参与牙釉质的晶格结构，在牙齿表面形成氟磷灰石保护层，提高了牙齿的强度，增强了牙釉质的抗酸能力。此外，氟对细菌的酶有抑制作用，可减少细菌活动所产生的酸，从而更有利于牙齿的防龋作用。

氟可影响一些酶的活性，特别是烯醇酶，此酶在碳水化合物的代谢中起重要作用，可促进磷酸甘油酸向磷酸丙酮酸的转化。氟能抑制胆碱酯酶活性，减少体内乙酰胆碱分解，从而提高神经的兴奋性和传导作用，还能抑制三磷酸腺苷酶活性，增加体内的三磷酸腺苷（ATP）含量。ATP 能提高肌肉对乙酰胆碱的敏感度而提高神经肌肉的兴奋传导。

氟能提高生物体的抗过氧化能力，减少体内衰老色素（脂褐素）的生成和积聚，从而发挥良好的抗衰老作用。

当机体处于缺铁的状态时，氟对铁的吸收、利用有促进作用，可以纠正铁在临界量时出现的小细胞贫血。也有学者发现氟碳化合物能携带氧气，对造血机能有促进作用，1979 年美国首次将其作为血液代用品应用于临床，由此揭开人造血液新篇章。

2. 氟缺乏与过量的影响

适量的氟对哺乳类动物的生长发育和繁殖是十分必要的。当氟缺乏时，可引起动物的造血功能障碍，表现为小细胞性贫血，这种贫血补充铁剂后可以得到纠正。

缺氟首先受害的是牙齿——龋齿，其原因是食物残渣附着于牙缝和牙面上，在口腔细菌（变形性链球菌）的作用下，被氧化成对牙齿具有腐蚀作用的乳酸、葡萄糖酸等，使牙齿中的钙质被溶出而形成溶洞。氟能够抑制变酸过程，从而起到防龋作用。另一方面，在缺氟情况下牙釉质中坚硬而又耐酸的"氟磷灰石"变为"羟磷灰石"，容易遭到酸类物质的腐蚀，导致钙质溶出而形成龋齿。

过多的氟进入人体后与羟基磷灰石晶体紧密结合，不易游离，使骨表面粗糙，骨密度增大或疏松，骨骼变形，形成残废性氟骨症，严重的甚至导致死亡。儿童主要表现为氟斑牙，神经系统受到损害，有的患者类似颈椎病或脊柱肿瘤，由于脊髓受压而出现四肢麻木、双下肢无力、压迫性截瘫、大小便失禁等。个别病例还可出现抽搐与惊厥；部分病例可能发生甲状腺肿大，甚至出现心肝功能受到损害，出现运动障碍；反射亢进；肾或尿路结石，尿酶升高，尿蛋白；胃；肠和肝功能紊乱、腹胀、腹痛等。

3. 氟的摄取

氟吸收主要在胃部及小肠，并从尿中排出。饮水中氟可被完全吸收，食物中一般吸收

50%～80%。食物中含大量的钙、铝和脂肪时会影响氟的吸收。

中国营养学会公布的氟的安全摄入量为成年人每天 1.5～4.0 mg。氟在动物性食品中主要沉积于动物骨骼中，牛骨、明胶、鱼、贝类、海味中均含有大量氟。植物中菠菜、茶叶氟含量也较高。植物中氟分布：根>苗>繁殖器官。

四、如何获取微量元素

以下三类人群最易缺乏微量元素：

第一类人群是少年儿童。因快速生长发育，需求量较大，补充不足，饮食结构不合理，厌食、偏食、生病等原因，易缺乏锌、硒、碘、钙、铁等。

第二类人群是孕妇及哺乳期妇女。因胎儿快速生长发育，消耗量较大，孕妇由于妊娠反应，微量元素摄入不足，饮食结构不合理，偏食、挑食、生病等原因，易缺乏锌、硒、钙、碘、钙、铁、钼、锰等。

第三类人群是免疫力低下者及中老年人。老年人因胃肠吸收功能下降，导致免疫力低下，且易患慢性消耗性疾病，易缺乏锌、硒、钙、铬等。

总之，人体所需要的各种元素都是从食物中得到补充。但随年龄、性别、身体状况、环境、工作状况等因素有所不同。但无论哪种元素，和人体所需蛋白质相比，都是非常少量的。矿物质如果摄取过多，容易引起中毒。由于各种食物所含的元素种类和数量不完全相同，所以在平时的饮食中，要做到粗、细粮结合和荤素搭配，不偏食，不挑食。

第六节　水

水是维持人体正常生理活动的重要物质。成人水分占体重的 60%左右，而体液是由水、电解质、低分子化合物和蛋白质组成，广泛分布在细胞内外，构成人体内环境。其中细胞内液约占体重的 40%，细胞外液占 20%（其中血浆占 5%、组织内液占 15%）。细胞外液对于营养物质的消化、吸收、运输和代谢、废物的排泄均有重要作用。一旦机体丧失水分 20%，就无法维持生命。

一、水的生理功能

水是人体一切生物化学反应进行的场所：水在体内直接参与了水解、水化、加水脱氢等重要生物化学反应。

水是良好的溶剂，能使许多物质溶解，有利于氧气和各营养物质及代谢产物的运输。

水的比热大，水的蒸发热也大，血液 90%是水，它的流动性大，因而随着血循环达到全身各部位，吸收代谢过程中产生的大量热量而使体温保持基本稳定，维持产热与散热的平衡，对体温调节起重要作用。

　　水在体内还有润滑作用。如唾液有助于食物吞咽，泪液有助于眼球转动，关节滑液有助关节活动等。

　　体内还有部分水与蛋白质、黏多糖和磷脂等结合，称为结合水。其功能之一是保证各种肌肉具有独特的机械功能。例如，心肌大部分以结合水的形式存在，并无流动性，这就是使心肌成为坚实有力的舒缩性组织的条件之一。

第三章　食物中的生物活性物质

随着科学技术的发展，在营养科学领域中除了已知的营养素以外，又发现了一些"生物活性物质"，这些物质存在于天然食物中，对人体健康起到了保护作用，目前已知的这些活性物质多存在于植物中，又称之为"植物化学物质"，在保健食品中称之为"功效成分"。

第一节　多酚类化合物

多酚是分子中具有多个羟基酚类植物成分的总称，又称黄酮类，具有多元酚结构，是植物体内的复杂酚类的次生代谢产物，主要存在于植物体的皮、根、叶、壳和果肉中。具有抗氧化、强化血管壁、促进肠胃消化、降低血脂肪、增加身体抵抗力，并防止动脉硬化、血栓形成；还能利尿、降血压、抑制细菌与癌细胞生长。

一、植物多酚类物质的化学性质

植物多酚可通过疏水键和氢键与蛋白质发生反应是其最重要的化学特征，也可以与其他生物大分子如生物碱、多糖等的分子发生相似反应。植物多酚中多个邻位酚羟基可与金属离子发生配合反应。由于植物多酚的邻位酚羟基极易被氧化，且对活性氧等自由基有较强的捕捉能力，使植物多酚具有很强的抗氧化性和清除自由基的能力。

过去，人们关注更多的是植物多酚的抗营养性。这是由于植物多酚易与蛋白质结合，例如与人体消化道内的酶结合，降低人体对食物中蛋白质消化能力，影响了人体对营养成分的吸收。现在，许多研究显示，植物多酚具有较强的抗氧化作用，以及抑菌、抗癌、抗老化和抑制胆固醇上升等功效。

二、植物多酚的生理功能

1. 抗氧化防衰老

现代医学研究证明，很多疾病和组织器官老化等都与过剩的自由基有关。而植物多酚有着出色的抗氧化能力，能够有效地清除人体内的过剩自由基。因此，利用植物多酚的这一性质，就能减缓人体组织器官的衰老。并且可以保护生物大分子免受自由基诱发的损伤。

2. 抗心脑血管疾病

血液流变性降低，血脂浓度增高，血小板功能异常是诱发心脑血管疾病的重要原因。植物多酚能够抑制血小板的聚集黏连，诱导血管舒张，并抑制脂代谢中酶的活性，有助于防止冠心病、动脉粥样硬化和中风等常见心脑血管疾病的发生。干红葡萄酒酿造工艺中的带皮发酵过程使干红葡萄酒中富含能够抑制胆固醇上升和预防高血脂的白藜芦醇。因此，干红葡萄酒被认为是一种健康饮品。

3. 抗癌

多酚是一种十分有效的抗诱变剂，能够减少诱变剂的致癌作用，并提高染色体精确修复能力，提高细胞免疫力和抑制肿瘤细胞生长。亚硝酸盐类化合物具有致癌性，而植物多酚中的茶多酚对亚硝酸盐化合物有抑制作用，从而具有抗癌的功效。长期饮用绿茶，能够减少癌症和肿瘤的发病率。有统计资料显示，日本国内，凡绿茶消费较多的地区，胃癌发病率较低。而苹果果肉的苹果多酚和葡萄籽活性提取物白藜芦醇的抗癌效果也已得到验证。

4. 抑菌消炎和抗病毒

植物多酚对多种细菌、真菌、酵母菌都有明显的抑制作用，尤其对霍乱菌、金黄色葡萄球菌和大肠杆菌等常见致病细菌有很强的抑制能力。茶多酚可以用作胃炎和溃疡药物的成分，抑制幽门螺旋杆菌的生长和抑制链球菌在牙齿表面的吸附。植物多酚治疗流感、疱疹都与其抗病毒作用有关。植物多酚用于抗艾滋病有一定效果，低分子量的水解单宁可用作口服剂来抑制艾滋病，延长潜伏期。红茶和绿茶提取物能够抑制甲、乙型流感病毒；儿茶素能够抑制人体呼吸系统合孢体病毒。茶多酚对于肠胃炎病毒和甲肝病毒等也有较强的抑制作用。

5. 抗老化和防晒

植物多酚在 200～300 nm 有较强的紫外吸收能力。因此植物多酚可以作为抗老化剂和防晒剂，吸收紫外线，阻止皮肤黑色素的生成。

三、几种常见植物多酚类物质的成分与理化性质

1. 茶多酚

茶多酚简称 TP，又名茶单宁、茶鞣质，是茶叶的主要成分，是一种褐色至淡黄色的无定型粉末，易溶于水、甲醇、乙醇、乙酸乙酯和丙酮，不溶于氯仿及苯等有机溶剂。茶多酚有较好的耐酸性，在 pH<7 时较稳定，pH>7 是则不稳定且氧化变色加快，呈红褐色。按照化学结构不同可以将茶多酚分为儿茶素类（黄烷醇类）、黄酮及黄酮醇类、花素和花青素类和聚合酚及缩酚酸类 4 类。其中，儿茶素类（称为黄烷醇类）化合物是茶多酚的主体成分，含量为 60%～80%。儿茶素类化合物大量存在于茶树新梢，占茶叶干重的 12%～24%。儿茶素类化合物主要包括：表没食子儿茶素没食子酸酯（EGCG）、没食子酸儿茶素没食子酸酯（EGC）、表儿茶素没食子酸酯（ECG）及表儿茶素（EC）。其中 EGCG 含量最高，占儿茶素总量的 50%左右。

2. 苹果多酚

苹果多酚是苹果中具有苯环并结合有多个羟基化学结构物质的总称，它是苹果中最主要

的功效成分之一。苹果多酚为棕红色粉末，其 20%的水溶液呈红褐色，产品略带苹果风味，稍有苦味，易溶于水和乙醇。苹果中多酚的主要成分因品种及成熟度的不同而有所不同。成熟苹果的主要多酚类为儿茶素、原花青素及绿原酸类物质，而从未熟苹果提取精致的苹果多酚中除含有上述物质外，还含有较多的二羟查耳酮、黄酮醇类化合物。苹果多酚主要的功能成分为绿原酸、儿茶素、表儿茶素类、咖啡酸、根皮苷，如根皮素-2′-木糖苷、3-羟基根皮苷、槲皮苷等。

3. 葡萄多酚

葡萄多酚类物质是葡萄重要的次生代谢产物，主要存在于葡萄籽与葡萄皮中。

葡萄多酚能溶于水，易溶于甲醇、乙醇等有机溶剂。这类多酚物质的主要成分包括表儿茶酸等酚酸类、黄烷醇类、花色苷类、黄酮醇类和缩聚单宁等物质，其中含量最高的为原花色苷，可达 80%～85%。由于不同品种葡萄的多酚各种成分含量不同，使葡萄品种间存在颜色差异。因此目前研究使用的葡萄多酚多由葡萄籽中提取。

白藜芦醇是葡萄多酚中很重要的一种活性物质，主要存在于葡萄皮中。葡萄酒中的白藜芦醇含量高低主要取决于葡萄皮的发酵时间，另外，葡萄品种、葡萄生长环境、酿酒工艺等因素的差异也会影响白藜芦醇在葡萄酒中的含量。

第二节　有机硫化物

有机硫化物是碳和硫直接相连的有机物。其中异硫氰酸盐、烯丙基硫化物、硫辛酸、二甲基砜及牛磺酸等具有特异的生理活性。

一、异硫氰酸盐

异硫氰酸酯是Ⅱ相酶的强诱导剂，可抑制有丝分裂，诱导人肿瘤细胞凋亡，防止大鼠肺、乳腺、食管、肝、小肠、结肠和膀胱癌的发生。通常以葡萄糖异硫氰酸盐的形式存在于十字花科植物如白菜、卷心菜等中。

二、烯丙基硫化物

烯丙基硫化物是大蒜、洋葱主要活性成分，可通过对Ⅰ相酶、Ⅱ相酶、抗氧化酶的选择性诱导作用抑制致癌物质的活性。可与亚硝酸盐生成亚硝酸酯类化合物，阻断亚硝酸胺的合成，抑制亚硝酸胺的吸收，使肿瘤细胞环腺苷酸水平升高，抑制肿瘤细胞生长；还可激活巨噬细胞，刺激体内产生抗癌干扰素，增强机体免疫力，还具有杀菌、消炎，降低胆固醇、预防脑血栓、冠心病。

第三节　萜类化合物

一、萜类的种类

萜类化合物（terpenoids）是自然界存在的一类以异戊二烯为结构单元组成的化合物的统称，也称为类异戊二烯（isoprenoid）。该类化合物在自然界分布广泛、种类繁多，迄今人们已发现了近 3 万种萜类化合物，其中有半数以上是在植物中发现的。按其在植物体内的生理功能可分为初生代谢物和次生代谢物两大类。作为初生代谢物的萜类化合物数量较少，但极为重要，包括甾体、胡萝卜素、多聚萜醇、醌类等。这些化合物有些是细胞膜组成成分和膜上电子传递的载体，有些是对植物生长发育和生理功能起作用的成分。例如，醌类为膜上电子传递的载体，胡萝卜素类和叶绿素参与光合作用，赤霉素、脱落酸是植物激素。而次生代谢物的萜类数量巨大，根据这些萜类的结构骨架中包含的异戊二烯单元的数量可分为单萜（ monoterpenoid，C_{10} ）、倍半萜（sesquiterpenoid，C_{15} ）、二萜（ diterpeniod，C_{20} ）和三萜（ triterpenoid，C_{30} ）等。它们通常属于植保素，虽不是植物生长发育所必需的，但在调节植物与环境之间的关系上发挥重要的生态功能。植物的芳香油、树脂、松香等便是常见的萜类化合物，许多萜类化合物具有很好的药理活性，是中药和天然植物药的主要有效成分。有些萜类化合物已经开发出临床广泛应用的有效药物，如青蒿中的倍半萜青蒿素被用于治疗疟疾，红豆杉的二萜紫杉醇被用于治疗乳腺癌。

二、重要萜类化合物的生理功能

以皂苷为例说明。

1. 抗菌抗病毒作用

大豆皂苷能抑制大肠杆菌、金色葡萄球菌和枯草杆菌；人参皂苷能抑制大肠杆菌、幽门螺杆菌，预防十二指肠溃疡，抑制黄曲霉毒素的产生，茶叶皂苷对多种致病菌有良好的抑制作用。

2. 免疫调节作用

皂苷可以增强机体免疫功能。人参皂苷、黄芪皂苷和绞股蓝皂苷可明显增强巨噬细胞的吞噬能力，提高 T 细胞数量及血清补体水平；大豆皂苷能明显提高 NK 细胞活性。

3. 对心血管的作用

皂苷可抑制胆固醇在肠道吸收，柴胡皂苷、甘草皂苷具有明显的降低胆固醇的作用，人参皂苷、大豆皂苷可促进人体胆固醇和脂肪的代谢，降低胆固醇和甘油三酯含量。大豆皂苷具有抑制血小板减少和凝血酶引起的血栓纤维蛋白的形成，具有抗血栓的作用。

4. 对中枢神经系统的作用

柴胡皂苷具有镇静、镇痛和抗惊厥作用，黄芪皂苷具有镇痛和中枢抑制作用。

5. 降血糖作用

苦瓜皂苷、有类胰岛素的作用，可降血糖。

6. 抗肿瘤作用

人参皂苷 Rh2 可抑制人白细胞和 B16 黑色素瘤细胞生长；大豆皂苷可明显抑制肿瘤细胞的生长，对肿瘤细胞特别是人类白血病细胞 DNA 合成和转移有抑制作用。

7. 其他作用

人参皂苷可增加肾上腺皮质激素的分泌，使肾上腺重量增加，也是一种非特异性的酶激活剂，激活黄嘌呤氧化酶；茶叶皂苷可抑制酒精吸收和保护肠胃，抗高血压，抗白三烯、抗炎作用。

第四节　类胡萝卜素

一、概　述

类胡萝卜素是一类天然的脂溶性色素，广泛存在于自然界。许多蔬菜、水果、花卉正是由于类胡萝卜素的存在，才使它们呈现出黄色、橘色或红色等鲜艳色彩。

类胡萝卜素都是由一条共轭双键的核心碳链，加上各自不同的末梢基团构成。自然界已经确认的类胡萝卜素至少有 750 多种，其中常见于食物中的有 50～60 种之多，根据化学组成的不同，它们可以分成两类：胡萝卜素和叶黄质。胡萝卜素包括 β-胡萝卜素、α-胡萝卜素、番茄红素等，它们只由碳、氢两种元素组成；而叶黄质的组成除碳、氢元素外，至少还包含一个氧原子，如叶黄素、玉米黄质、β-隐黄质、虾青素等都属于叶黄质。α-胡萝卜素、β-胡萝卜素、β-隐黄质等可以在体内转化成维生素 A，因此又称为维生素 A 原。

大量的流行病学调查均显示，蔬菜水果的摄入量与心血管疾病、眼科疾病、胃肠道疾病、神经退行性变以及部分癌症的发生呈负相关。据推测，这一作用可能和蔬菜水果中富含的类胡萝卜素有关。

二、类胡萝卜素的生物学功能

1. 类胡萝卜素与抗氧化

生物氧化反应是生物体内每个细胞的基本生理生化过程，生物氧化过程中产生的氧自由基和过氧化氢等活性氧具有高度不稳定性，会导致脂质的氧化、蛋白质的降解和 DNA 的损伤等多种细胞伤害，活性氧的数量一旦超过机体的抗氧化能力，就可能引起多种疾病。

在机体抗氧化的防御体系中，类胡萝卜素主要通过猝灭单线态氧和清除过氧化氢（H_2O_2）发挥作用。此外，它们还能使单线态氧和过氧化氢产生过程中的电子活化的激活分子灭活。类胡萝卜素能够接受不同电子激发态的能量，使单线态氧的能量转移到类胡萝卜素，生成基态氧分子和三重态的类胡萝卜素分子，三重态的类胡萝卜素将获得的能量分散到周围的环境中产生热量，类胡萝卜素得到再生。通过这一循环，类胡萝卜素能够不断地清除单线态氧，猝灭速度常数在 $10^9 M^{-1} \cdot s^{-1}$ 的范围内。类胡萝卜素是最有效的天然单线态氧猝灭剂，且此作用随分子中共轭双键数量的增加而增加。类胡萝卜素还能有效地清除过氧化氢，防止脂质过氧化，尤其在氧分压较低的状态下作用更加明显，这是因为生理状态下多数器官组织的氧分压都比较低。

机体的抗氧化防御系统是个复杂的网络结构，不同的抗氧化剂之间可能存在协同作用。在 UVA 引起人成纤维细胞光氧化损伤的模型中，β-胡萝卜素和 α-生育酚以及抗坏血酸表现出协同的作用。在相同浓度下，多种类胡萝卜素混合后的抗氧化活性比任何一种类胡萝卜素的活性都强，尤其是混合物中含有番茄红素或者叶黄素时，这种增效作用更加明显。

在一些特殊情况下，类胡萝卜素反而起到过氧化剂的作用。体外实验已经证实，给予人骨髓白血病细胞和结肠腺癌细胞高剂量的 β-胡萝卜素（> 10 μmol/L）能够增加活性氧的产生以及细胞氧化型谷胱甘肽的浓度，这一作用可以被 α-生育酚和 N-乙酰半胱氨酸所阻断，其在体内是否同样存在类似的反应尚有待研究。叶黄素在浓度较低时（< 10 μg/mg），不仅没有清除羟基自由基的能力，还可激发自由基的产生。随浓度的升高（$10 \sim 1\,000$ μg/mg），叶黄素清除羟基自由基的效果增强。

2. 类胡萝卜素与癌症

体外实验和动物实验均表明类胡萝卜素对多种癌症具有预防作用。流行病学调查也显示富含类胡萝卜素的膳食降低多种癌症的风险，血清中 β-胡萝卜素的水平与肺癌的风险性呈负相关。但是多数的干预实验结果却表明补充 β-胡萝卜素对于癌症的风险并没有影响，甚至在肺癌的高危人群，如吸烟者和石棉工人，补充高剂量的 β-胡萝卜素会增加肺癌的危险。这可能是因为给予的 β-胡萝卜素剂量远远高于正常饮食中所能摄取的量，血液 β-胡萝卜素超出了正常水平。

多项研究结果显示，多摄入番茄和番茄制品与前列腺癌风险的降低有关；部分研究也报道了，血液中番茄红素的水平与前列腺癌的风险性呈负相关。然而，一项调查报告显示，番茄红素或者番茄制品摄入量的增加与前列腺癌的风险性无关，但可能降低有前列腺癌家族史男性的发病风险。对于体外培养的癌细胞，番茄红素以剂量依赖的方式抑制乳腺癌、子宫内膜癌、肺癌和白血病细胞的生长。

类胡萝卜素是优秀的自由基清除剂，而自由基与 DNA 的氧化损伤，细胞的癌变息息相关，因此类胡萝卜素的抗氧化性在癌症预防中具有一定作用，但是通过对生物化学机制的深入研究显示，其他作用机制可能起着更为关键的作用。类胡萝卜素抗癌作用的机制可能涉及引起细胞生长或细胞死亡途径上的一些变化，包括激素与生长因子的信号传输、细胞周期过程的调节机制、细胞分化及凋亡。

3. 细胞间的信号传输

大量的证据表明，维生素 A 和类胡萝卜素都可以增强细胞的间隙连接（gap junctional communication，GJC）。细胞间隙连接是由连接蛋白在邻近细胞之间形成亲水通道，可传输细胞群体内生长调控信号，调节细胞的正常增殖与分化。但是人体多数实体瘤细胞间的间隙连接通讯功能缺陷，而且在癌前病变，如口腔黏膜白斑，子宫颈上皮不典型增厚等，即出现连接蛋白43（connexin 43，Cx43）的表达下调。连接蛋白43起着类似于抑癌基因的作用，维生素A和类胡萝卜素都可以上调其表达，从而增强细胞间的间隙连接，抑制肿瘤细胞增殖。但是类胡萝卜素，尤其是非维生素A原的类胡萝卜素，如虾青素等，与维生素A发挥作用的途径不同，后者主要通过视黄酸受体（RARs），前者则可能通过过氧化物酶体增殖激活受体（PPARs），两者最终都作用于连接蛋白43基因的转录水平。

4. 细胞周期的调节

胰岛素样生长因子（IGF-I）作为主要的癌危险因子，如果长期在血液中保持高水平，则预示着乳腺、前列腺、结肠和肺癌的危险增加。Mucci等人发现摄入烹调过的番茄与血液IGF-I水平极显著负相关，番茄的植物性营养素能降低血液IGF-I水平。番茄红素通过抑制IGF-I受体信号的传输作用，延缓细胞周期进程，控制人前列腺癌细胞的生长。10 μmol/L番茄红素处理乳腺癌细胞MCF-7、HBL-100与MDA-MB-231以及纤维囊肿乳腺细胞MCF-10a，48 h后细胞周期进程在G_1/S期延滞。番茄红素也引起其他癌细胞系（白血病、子宫内膜癌及肺癌）通过G_1与S期的进程延缓。α-胡萝卜素对GOTO成人神经细胞瘤细胞有相似的作用。β-胡萝卜素引起正常的人成纤维细胞的细胞周期停滞在G1期。细胞周期蛋白D作为生长因子感受器起作用的主要元件，在许多乳腺癌细胞系及原发肿瘤中过量表达。番茄红素能够降低视网膜母细胞瘤的周期蛋白D的水平，抑制其生长。番茄红素还能与维生素D_3发生协同作用，抑制骨髓白血病细胞系HL60的细胞周期进程，诱导其分化。

5. 细胞凋亡

β-胡萝卜素能抑制人结肠腺癌细胞生长，下调抗凋亡蛋白Bcl-2和Bcl-xl的表达，诱导细胞凋亡，这是与细胞内活性氧代谢物生成的增加相关联的。β-胡萝卜素、番茄红素、叶黄素、β-隐黄质及玉米黄质可诱导淋巴母细胞凋亡，斑黄素（canthaxanthin）对此细胞却无作用，这时β-胡萝卜素的诱导凋亡作用与活性氧生成无关。环加氧酶COX-2在许多肿瘤中过量表达，番茄红素能下调COX-2 mRNA的表达，同时伴随着恶性的乳腺上皮细胞凋亡。叶黄素不仅能够增加小鼠乳腺肿瘤p53和前凋亡蛋白BAX的表达，阻遏Bcl-2的表达，降低血管再生的活性，而且在体外实验中，给予化疗药物后，叶黄素能够选择性地诱导癌细胞的凋亡，保护正常细胞。给大鼠注射MatLyLu前列腺肿瘤细胞，事先补充番茄红素组的大鼠肿瘤坏死面积明显比对照组大，这可能是因为番茄红素下调了类固醇激素的代谢和信号传导的相关基因。

6. 致癌物的脱毒

第Ⅰ相反应酶和第Ⅱ相反应酶在致癌物的脱毒过程中发挥着重要的作用。类胡萝卜素能够诱导这类酶的表达。实验表明，番茄红素能够通过转录因子 Nrf2 和基因调节区的抗氧化剂应答元件（antioxidant responsive elements，ARE），对第Ⅱ相反应酶的转录进行调控。

7. 类胡萝卜素与免疫调节

类胡萝卜素对机体免疫系统可能有"双向调节"的作用，有抑制自身免疫反应，增强细胞免疫和抑制炎症的功能。

多项动物实验证实,类胡萝卜素能够增强中性粒细胞髓过氧化物酶的活性和细胞吞噬功能;并能促进有丝分裂原诱导的淋巴细胞增殖,加强抗体反应和巨噬细胞的细胞色素氧化酶、过氧化氢酶的活性。类胡萝卜素的这些效应与是否维生素 A 原无关。番茄红素能够增加自发性乳腺肿瘤小鼠 T 辅助细胞的数量,使胸腺内 T 细胞的分化趋于正常。β-胡萝卜素可以刺激牛血中中性粒细胞髓过氧化物酶的活性及细胞吞噬功能,而维生素 A 通常会降低它的吞噬功能。体外实验表明,虾青素可显著促进小鼠脾细胞对胸腺依赖抗原(TD-Ag)反应中抗体的产生,提高依赖于 T 细胞专一抗原的体液免疫反应。人体血细胞的体外研究中也发现虾青素和类胡萝卜素均能显著促进胸腺依赖抗原刺激时的抗体产生,分泌 IgG 和 IgM 的细胞数增加。β-胡萝卜素可增强巨噬细胞杀灭肿瘤活性,保护自身细胞免于呼吸爆发引起的氧代谢物的伤害。

另一方面,类胡萝卜素具有抗炎的作用。在炎症发生的情况下,例如 Crohn 病中,吞噬细胞在炎症部位(肠黏膜和肠腔内)释放出活性氧,破坏了自由基和抗氧化剂之间原有的平衡,氧化产物以及脂质过氧化水平的增加。研究表明,氧化剂与内皮细胞的炎症基因刺激有直接关系。Bennedsen 研究发现,虾青素可预防幽门螺杆菌引起的溃疡症状,明显降低幽门螺杆菌对胃的附着和感染。活性氧也能加重哮喘伴随炎症和训练引起的肌肉损伤炎症。因此,类胡萝卜素能够通过抗氧化发挥抗炎的作用。

8. 类胡萝卜素与心血管疾病

许多实验证实,饮食中类胡萝卜素的摄入量、血中或脂肪组织中类胡萝卜素的水平与心脏疾病风险呈负相关。动脉粥样硬化、冠心病等心血管疾病的共有病理学特点是动脉发生了非炎症性、退行性和增生性病变,导致管壁增厚变硬,失去弹性,管腔缩小。类胡萝卜素对心血管疾病防治是在多方面同时发挥作用的。

低密度脂蛋白(LDL)的氧化是导致动脉硬化的重要原因,氧化性低密度脂蛋白(Ox-LDL)的增加加速了动脉粥样硬化的发生,类胡萝卜素通过抗氧化作用,抑制 LDL 的脂质过氧化,延缓动脉斑块的形成。

尽管动脉粥样硬化、冠心病等疾病的初始病理变化是非炎症性的,但是伴随着血管壁的损伤,炎性分子、炎症细胞便会参与到其中。例如,动脉内皮下巨噬细胞内有大量的脂质堆积,形成泡沫细胞是动脉粥样硬化早期的重要特征。β-胡萝卜素、叶黄素、番茄红素均能在体外改变人内皮细胞表面黏附分子的表达,可以减少巨噬细胞的附着和对内皮的浸润。

Fuhrman 等人研究了类胡萝卜素对巨噬细胞胆固醇代谢途径的影响,发现在离体条件下 β-胡萝卜素和番茄红素都能促进巨噬细胞低密度脂蛋白(LDL)受体的活性,抑制胆固醇的合成;每天补充 60 mg 番茄红素,连续服用 3 个月后,人体血浆中的 LDL 胆固醇浓度降低了 14%。

9. 类胡萝卜素与光保护作用

细胞膜和组织暴露于强光尤其是紫外光下,会产生单线态氧、自由基等氧化剂,称为光氧化损伤。自然界中植物靠类胡萝卜素抵御紫外光氧化,它的紫外保护特性对于维护眼睛和皮肤的健康也起着重要的作用。

老年性黄斑变性和白内障是引起老年人视觉损害甚至失明的主要疾病,这两种疾病都与眼睛内部光氧化过程有关。膳食中补充类胡萝卜素(尤其是叶黄素和玉米黄质)能降低老年性黄斑变性和白内障的发病率。类胡萝卜素保护眼睛主要通过两条途径：① 作为过滤有害蓝光的滤光器，叶黄素和玉米黄质的滤光效率远远高于番茄红素和 β-胡萝卜素，可在人眼视网膜内部形成一种有效的蓝光过滤器。在蓝光到达光感受器及视网膜色素上皮细胞和下部的脉络膜血管层之前，黄斑类胡萝卜素可以削弱蓝光，减少视网膜的氧化压力。② 类胡萝卜素作为抗氧化剂能猝灭活性的三重态分子、单线态氧，消除活性氧，例如脂质过氧化物或过氧阴离子等。

光氧化能损伤细胞的脂质、蛋白质及 DNA，引起皮肤红斑、老化，甚至皮肤癌。人体实验显示，紫外照射能降低血浆和皮肤中类胡萝卜素的水平，相较于其他类胡萝卜素，番茄红素更容易损失。补充 β-胡萝卜素、番茄红素、或混合性类胡萝卜素可显著降低紫外线照射诱发的红斑，使紫外线光敏感度降低。这些类胡萝卜素对皮肤的保护作用归功于其抗氧化功能及其抑制脂氧酶、抑制炎症的功能。

10. 类胡萝卜素的其他功能

根据 2006 年 5 月的《美国流行病学杂志》上的一项报告，不吸烟者，发生糖尿病和胰岛素抵抗的风险与血清类胡萝卜素水平呈负相关。有研究表明，血浆番茄红素水平可能和 2 型糖尿病的发病率呈负相关，番茄红素还可以应用于糖尿病并发症的治疗。Naito 等人在研究中发现"氧化应激"是糖尿病导致肾病的一个重要机制。虾青素通过降低肾的氧化应激来控制糖尿病肾病的进展，预防肾脏细胞的损伤。Uchivama 等将虾青素用于肥胖型 2 型糖尿病小鼠模型中发现，虾青素不能增加胰腺中 β 细胞数量，但可以保护 β 细胞的功能，保证胰岛分泌胰岛素的能力来改善机体血糖水平。

对自发性高血压大鼠连续喂食虾青素 14 天，可使大鼠的动脉血压显著降低；连续给予易卒中的自发性高血压大鼠虾青素 5 周，其血压降低显著，且延迟了脑卒中的发生。这种作用可能与其促 NO 合成有关。虾青素还可以调节高血压的血液流变性，包括通过交感神经肾上腺素受体通路，特别是使 $\alpha2$ 肾上腺素受体的敏感性趋于正常；以及通过减弱血管紧张素 II 和活性氧引起的血管收缩，来修复血管紧张状态而发挥抗高血压的作用。虾青素能够调节自发性高血压大鼠体内的氧化环境，降低脂质过氧化水平，以及饱和血管的弹性蛋白，防止因高血压引起的动脉壁增厚。

类胡萝卜素是人体多种生理和病理过程中发挥着重要的作用，但由于各自之间结构的差异，体内的分布和功能也会有所不同。尽管类胡萝卜素越来越多的健康效应被发现，但是仍缺乏足够的证据证明大剂量地补充类胡萝卜素不会产生有害的影响，尤其一些研究显示在吸烟人群和石棉工人中，补充大量的 β-胡萝卜素会使肺癌及心血管疾病的患病率升高。因此，从饮食中补充类胡萝卜素仍是最有效、最安全的方法。

第五节　褪黑素（脑白金）

褪黑激素（Melatonin）主要是由哺乳动物和人类的松果体产生的一种胺类激素。人的松果体是附着于第三脑室后壁的、豆粒状大小的组织，Lerner（1960）首次在松果体中分离出褪黑激素。也有报道哺乳动物的视网膜和副泪腺也能产生少量的褪黑激素；某些变温动物的眼睛、脑部和皮肤（如青蛙）以及某些藻类也能合成褪黑激素。

褪黑激素的分子式为 $C_{13}N_2H_{16}O_2$，分子量 232.27，熔点 116～118 ℃，化学名称为 N-乙酰基-5-甲氧基色胺（N-acetyl-5-methoxytryptamine）。褪黑激素在体内含量极小，以 pg（$1×10^{-12}$ g）水平存在。近年来，国内外对褪黑激素的生物学功能，尤其是作为膳食补充剂的保健功能进行了广泛的研究，表明其具有促进睡眠、调节时差、抗衰老、调节免疫、抗肿瘤等多项生理功能。

一、褪黑激素的生物合成

褪黑激素的生物合成受光周期的制约。松果体在光神经的控制下，由色氨酸转化成 5-羟色氨酸，进一步转化成 5-羟色胺，在 N-乙酰基转移酶的作用下，再转化成 N-乙酰基-5-羟色胺，最后合成褪黑激素，从而使体内的含量呈昼夜节律改变。夜间褪黑激素分泌量比白天多 5～10 倍，凌晨 2:00—3:00 达到峰值。褪黑激素生物合成还与年龄有很大关系，它可由胎盘进入胎儿体内，也可经哺乳授予新生儿，到三月龄时分泌量增加，并呈现较明显的昼夜节律现象，3～5 岁幼儿的夜间褪黑激素分泌量最高，青春期分泌量略有下降，以后随着年龄增大而逐渐下降，到青春期末反而低于幼儿期，到老年时昼夜节律渐平缓甚至消失。

日本的一项研究表明，褪黑素极易被机体氧化而失去作用，虾青素（ASTA）可以保护褪黑素不被氧化，促进内源褪黑素的分泌，而因此用来调节时差。

二、褪黑激素的生理功能

1. 褪黑激素对睡眠的影响

Holmes 研究了褪黑激素的催眠作用和对神经的影响，给予大鼠 10 mg/kg BW 褪黑激素后，用 EEG 检测入睡时间，与服药前相比缩短一半，觉醒时间也明显缩短，慢波睡眠、异相睡眠明显延长而且容易唤醒；Dollins 等（1994）用 0.1～10 mg 褪黑激素对 20 名志愿者进行催眠效果的研究，受试者口腔温度下降、入睡时间明显缩短、睡眠持续时间明显延长、精力下降、疲劳感增加、情绪低下、对 Wilkinson 听觉觉醒试验反应正确率下降。Waldhauser 等（1990）也对 20 名志愿者进行口服 80 mg 褪黑激素催眠效果的研究，服药 1 h 后血清药物浓度达到峰值显著高于正常人血清浓度，睡前醒觉时间缩短，睡眠质量改善，睡眠中觉醒次数明显减少，而且睡眠结构调整，浅睡阶段缩短，深睡阶段延长，次日早晨唤醒阈值下降。Irina 等（1995）在 18、20、21 时给予志愿者口服 0.3 mg 和 1.0 mg 褪黑激素，能使入睡和进入睡眠第二阶段时间缩短，但未影响 REM（Rapid eye movements，快速眼动）期，表明褪黑激素有助于改善失眠症。

褪黑素的分泌是有昼夜节律的，一般在凌晨 2:00—3:00 达到高峰。夜间褪黑素水平的高低直接影响到睡眠的质量。随着年龄的增长，特别是 35 岁以后，体内自身分泌的褪黑素明显下降，平均每 10 年降低 10%～15%，导致睡眠紊乱以及一系列功能失调，而褪黑素水平降低、睡眠减少是人类脑衰老的重要标志之一。因此，从体外补充褪黑素，可调整和恢复昼夜节律，提高睡眠质量，改善身体的机能，延缓衰老的进程，提高生活质量。

2. 褪黑激素的抗衰老作用

自由基与衰老有着密切的联系，正常机体内自由基的产生与消除处于动态平衡，一旦这种平衡被打破，自由基便会引起生物大分子如脂质、蛋白质、核酸的损伤，导致细胞结构的破坏和机体的衰老。褪黑激素通过抗氧化，清除自由基和抑制脂质的过氧化反应保护细胞结构，防止 DNA 损伤。Russel 等人的研究发现，褪黑激素对黄樟素（一种通过释放自由基而损伤 DNA 的致癌物）引起 DNA 损伤的保护作用可达到 99%，且呈剂量-反应关系。褪黑激素对外源性毒物（如百草枯）引起的过氧化以及产生的自由基所造成的组织损伤有明显的拮抗作用。褪黑激素还能降低脑中 LPO 的含量，且均呈剂量依赖关系。

3. 褪黑激素的调节免疫作用

Maestron 发现，抑制褪黑激素的生物合成，可导致小鼠体液和细胞免疫受抑。褪黑激素能拮抗由精神因素（急性焦虑）所诱发的小鼠应激性免疫抑制效应，防止由感染因素（亚致死剂量脑心肌病毒）导致急性应激而产生的瘫痪和死亡。晏建军等发现褪黑激素能提高荷瘤小鼠 CD4+CD8+值，协同 IL-2 提高外周血淋巴细胞及嗜酸性粒细胞数量，增强脾细胞 NK 和 LAK 活性，促进 IL-2 的诱生；注射褪黑激素对 H22 肝癌小鼠巨噬细胞的杀伤活性及 IL-1 的诱生水平均明显提高。Kethleen 等（1994）研究发现，褪黑激素具有活化人体单核细胞，诱导其细胞毒性及 IL-1 分泌的功能。

4. 褪黑激素的抗肿瘤作用

Vijayalaxmi 等（1995）体外研究发现，褪黑激素对 ^{137}Cs 的 γ 射线（150 Gy）所造成的人体外周淋巴细胞染色体损伤有明显的保护作用，且呈剂量—效应关系；对自由基产生的物理和化学致突变性和致癌性有拮抗作用。体外试验表明，褪黑激素对自力霉素 C 引起的致突变性也有保护作用。褪黑激素能降低化学致癌物（黄樟素）诱发的 DNA 加成物的形成，防止 DNA 损伤。晏建军等研究发现褪黑激素能抑制荷瘤小鼠的肿瘤生长，延长其存活时间，与 IL-2 存在明显的协同性。Danforth 等分别测定了正常、乳腺癌和乳腺癌易患者 24 h 血浆褪黑激素水平，表明褪黑激素与激素依赖性人乳腺癌有一定相关性。褪黑激素通过骨髓 T-细胞促进内源性粒性白细胞/巨噬细胞积聚因子的产生，可作为肿瘤的辅助治疗。

三、褪黑激素的毒性

由于褪黑激素是一种内源性物质，通过内分泌系统的调节而起作用，在体内有自己的代谢途径。血液中的褪黑激素有 70%～75%在肝脏代谢成 6-羟基褪黑激素硫酸盐形式后，经尿（80%）和粪（20%）排出体外；另 5%～7%转化成 6-羟基褪黑激素葡醛苷酸形式，不会造成代谢产物在体内蓄积。其生物半衰期短，在口服 7～8 h 即降至正常人的生理水平，所以其毒性极小。Jack（1967）研究结果表明，褪黑激素可溶性剂量 800 mg/kg BW 不引起小鼠死亡。傅剑云等（1997）对褪黑激素进行大鼠、小鼠的急性毒性试验和致突变试验，结果大、小鼠

口服 LD_{50} 均大于 10 g/kg BW。Ames 试验、小鼠骨髓细胞微核试验和小鼠精子畸形试验均为阴性；3000 多人体服用试验表明，每天服用多达几克（为维持健康剂量的几千倍），长达一个月，未见或者几乎没有毒性。

褪黑激素的调节免疫、抗肿瘤、抗衰老等方面的保健功能正显示其强大的生命力，它作为一种新型的保健食品有着巨大的潜力。美国 FDA（食品与药品管理局）认为褪黑激素可作为普通的膳食补充剂，我国卫生部先后批准了 20 种（其中国产 8 种，进口 12 种）含有褪黑激素的保健食品。但是，人体每天褪黑素的需求量只有零点几毫克，由于褪色素具有一定的抗氧化作用，服用过量会对黑色素的生成产生一定的影响，因此一定要注意度的把握。

第六节 功能性多糖

多糖是来自高等植物、动物细胞膜、微生物细胞壁中的天然大分子物质，是所有生命有机体的重要组成部分，与维持生命所需的多种生理功能有关。近 20 年来，由于分子生物学的发展，人们逐渐认识到糖及其复合物具有储藏能量、结构支持和抗原决定性等多种极其重要的生物功能。多糖与免疫调节、细胞与细胞的识别、细胞间物质的运输、癌症的诊断与治疗等都有着密切的关系。近年来又发现多糖的糖链在分子生物学中具有决定性作用，能控制细胞的分裂和分化、调节细胞的生长和衰老。

一、多糖的生物学功能

1. 这是加强机体免疫功能

（1）香菇多糖、黑柄炭角多糖、裂褶菌多糖、细菌脂多糖、牛膝多糖、商陆多糖、树舌多糖、海藻多糖等诱导白细胞介素 1（il-1）和肿瘤坏死因子（tnf）的生成，提高巨噬细胞的吞噬能力。

（2）中华猕猴桃多糖、猪苓多糖、人参多糖、刺五加多糖、枸杞子多糖、芸芝多糖肽、香菇多糖、灵芝多糖、银耳多糖、商陆多糖、黄芪多糖等诱导其分泌白细胞介素 2（il-2），促进 T 细胞增殖。

（3）枸杞子多糖、黄芪多糖、刺五加多糖、鼠伤寒菌内毒素多糖等促进淋巴因子激活的杀伤细胞活性。

（4）银耳多糖、香菇多糖、褐藻多糖、苜蓿多糖等提高 B 细胞活性，增加多种抗体的分泌，加强机体的体液免疫功能。

（5）酵母多糖、裂褶菌多糖、当归多糖、茯苓多糖、酸枣仁多糖、车前子多糖、细菌脂多糖、香菇多糖等 通过不同途径激活补体系统，有些多糖是通过替代通路激活补体的，有些则是通过经典途径。

2. 抗病毒

多糖能抑制病毒反转录酶的活性从而抑制病毒复制，具有抗病毒活性，可用于制备多糖疫苗。

3. 防治糖尿病

多糖在细胞识别、细胞间物质运输方面也有极其重要的作用。多糖可与细胞膜上特殊受体结合，将信息传至线粒体，提高糖代谢酶活性，刺激胰岛素分泌，加强血糖分解，促进血糖转化为糖原，用于糖尿病的防治。

4. 促进溃病愈和

多糖能诱导胃组织中表皮生长因子和碱性成纤维细胞生长因子合成，促进溃疡愈合和修复。

5. 抗癌作用

自从 20 世纪 50 年代发现酵母多糖具有抗肿瘤效应以来，已分离出了许多具有抗肿瘤活性的多糖，抗肿瘤多糖分为两大类：一类是具有细胞毒性的多糖直接杀死了肿瘤细胞，这类多糖有牛膝多糖、茯苓多糖、刺五加多糖、银耳多糖、香菇多糖、芸芝多糖等；第二类是作为生物免疫反应调节剂，增强机体的免疫功能，抑制或杀死肿瘤细胞，如能提高 lak、自然杀伤细胞（nk）活性、诱导巨噬细胞产生肿瘤坏死因子的多糖。此外，地黄多糖可使 lewis 肿瘤细胞内的 $P53$ 基因表达明显增强，从而引发 lewis 肺癌细胞的程序性死亡，这可能是多糖抗肿瘤作用的又一新途径。与此同时发现人参多糖、波叶大黄多糖、魔芋多糖、枸杞子多糖、紫芸多糖等具有抗突变活性。

6. 降血脂

海带多糖、褐藻多糖、甘蔗多糖、硫酸软骨素、灵芝多糖、茶叶多糖、紫菜多糖、魔芋多糖等半乳甘露聚糖具有降血脂活性。

7. 抗病毒

近年来，硫酸化多糖作为抗生素，可以治疗艾滋病引起了人们的广泛重视。早在 1965 年，研究者陆续发现某些天然多糖硫酸酯如卡拉胶、肝素有抑制疱疹病毒复制的作用。目前，许多经硫酸酯化的多糖，如香菇多糖、地衣多糖、右旋糖酐、裂褶菌多糖、木聚糖、箬叶多糖的硫酸酯有明显的抑制 hiv-1（human immune efficiency virus type1）活性，其作用机理是干扰 hiv-1 对宿主细胞的黏附作用，抑制逆转录酶的活性等。抗病毒硫酸酯化多糖的硫酸根取代度在 15~20 为最佳，如果将这些多糖的硫酸根除去，则上述活性随之消失。

二、多糖的开发应用前景及发展趋势

目前全球至少有 12 种多糖分别用作抗肿瘤药物正在进行临床试验。近年来又发现多糖的糖链在分子生物学中具有决定性作用，能控制细胞的分裂和分化、调节细胞的生长和衰老。当前，国内外正致力于活性多糖的作用机理和构效关系的研究。随着生活水平的提高，促进了人们由过去以治病为主的观念逐渐向防病为主的观念转变，这为天然多糖的开发应用提供了广阔的前景。中药是我国的医药宝库，中药现代化是中药发展的必由之路，而天然多糖的研究无论是在药学方面还是在药理学方面都已取得了明显的进步，它的深入研究和开发将成为中药现代化的一个典范。

三、特殊多糖

1. 海带多糖

海带多糖是对巨噬细胞、T 细胞有直接的免疫调节作用。皮下注射岩藻糖胶可增强小鼠 T 细胞、B 细胞及 NK 细胞功能。范曼芳等认为褐藻酸钠能明显增强小鼠腹腔巨噬细胞的吞噬功能，吞噬指数为对照组的 2.96 倍，且能明显增加半数溶血值 HC，从而能增强小鼠的体液免疫功能。褐藻酸钠对人外周血淋巴细胞的转化也具有一定的刺激作用。对正常及免疫低下小鼠经腹腔注射给药 10 d 后，发现能显著提高免疫低下小鼠胸腺、脾指数及外周血白细胞数，明显促进正常及免疫低下小鼠脾的 T、B 细胞增殖能力、脾细胞产生 IL-2 的能力以及增加血清和脾细胞溶血素的含量。

第七节 食物纤维

一、概 述

食物纤维主要来自植物细胞的坚韧细胞壁层，是植物性食物中难以被人体消化的物质，这些物质构成了谷皮、麦皮及蔬菜、水果的根、皮、茎、叶等，包括纤维素、半纤维素、果胶、藻胶、木质素等一些过去认为不能被身体利用的多糖物质。它们不被吸收，也不提供热量，一般不视为营养，但却具有非常重要的功能。

二、食物纤维的作用

1. 促进减肥

纤维素比重小、体积大，进食后充填胃腔，难以消化，延长胃排空的时间，使人容易产生饱腹感，减少热量的摄取；纤维素在肠内会吸引脂肪而随之排出体外，有助于减少脂肪积聚，达到减肥目的。

2. 吸收毒素

食物在消化分解的过程中，会产生不少毒素，这些毒素在肠腔内会刺激黏膜上皮，引起黏膜发炎；吸收到血液内，可加重肝脏的解毒负担。食物纤维在胃肠道中遇水形成致密的网络，吸附肠内容物中的毒素，肠黏膜与毒物的接触机会减少，吸收入血量亦减少，对维持胃肠道的正常功能和胃肠道的正常菌群结构起着重要作用。

3. 保护皮肤

血液中含有毒物质时，皮肤就成了其抛弃废物的地方，面部暗疮正是由于血液中过量的酸性物质及饱和脂肪而形成的；经常便秘的人，肤色枯黄，也是因为粪便在肠中停留时间过长，毒性物质通过肠壁吸收并使血液沾上毒素所致。吸烟过多的人脸色犹如死灰，也是上述原因造成的。食物纤维能刺激肠的蠕动，使废弃物能及时排出体外，减少毒素对肠壁的毒害作用，因而可以保护皮肤。

4. 降低血脂

食物纤维中果胶可与胆固醇结合，木质素可与胆酸结合，使其直接从粪便中排出，由此降低了血脂。膳食纤维在肠道内吸水对肠内容物起稀释作用，降低了胆汁和胆固醇的浓度，有利于肠道内正常细菌的生长繁殖；这些正常细菌在繁殖过程中也能使胆固醇转化经粪便排出，有助于减少冠心病的发生。

5. 控制血糖

食物纤维含量高的食品，可利用性糖含量低，给人体提供的能量较少，降低了葡萄糖的吸收速度，使进餐后血糖不会急剧上升，有利于糖尿病的改善。

6. 保护口腔

现代人由于食物越来越精，越来越软，使用口腔肌肉、牙齿的活动相应减少。而增加膳食中的纤维素，则可以增加使用口腔肌肉、牙齿咀嚼的机会，涮除牙缝内的污垢，并可锻炼牙床，使口腔得到保健。

7. 医治息肉

过去一直以低膳食纤维来治疗息肉，怕膳食纤维会刺激患处，但效果不明显。近年来，使用高膳食纤维来治疗则效果显著。事实说明息肉高发与膳食纤维的摄入太少有关。

8. 防治结石

胆结石的形成与胆汁胆固醇含量过高有关。由于膳食纤维可结合胆固醇，促进胆汁的分泌与循环，因而可预防胆结石的形成。

9. 预防癌症

自然界中致癌物质广泛存在，不可避免地会随食物进入肠道。同时，人的大肠中有些细菌可能有合成多环烃或将硝酸盐还原为亚硝酸盐的能力，产生多种毒物如胺、酚、氨等致癌物。如果食物中纤维素少，粪便体积小，黏滞度增加，在肠道中停留时间长，这些毒物就会对肠壁产生毒害作用，并通过肠壁吸收进入血液循环，进而影响全身。食物纤维吸水性好，进入肠道后，可使粪便体积增大，含水量增多，降低毒素的浓度，促进肠道蠕动、加快肠道内食糜的排空速度，有通便作用，减少肠腔壁与致癌物质接触时间。

食物纤维促使胆汁酸排泄，并使粪便保持酸性，蔬菜中的纤维素在肠道中发酵产生丁酸等短链脂肪酸，促进细胞分化，也对防治痔疮，预防大肠癌有益。膳食纤维可增加咀嚼次数，从而增加唾液分泌，而唾液是防癌抗癌的重要物质。

流行病学发现，乳腺癌的发生与膳食中高脂肪、高肉类含量，以及低食物纤维有关。这可能是体内过多的脂肪促进某些激素的合成，刺激乳腺细胞变异所致。而摄入高膳食纤维会使脂肪吸收减少，这些激素合成受到抑制，从而能预防乳房癌。食物纤维还可降低胃癌、肺癌等患病率，对防止冠心病有良好作用。

10. 增加营养

膳食纤维在肠道内吸水对肠内容物起到稀释作用，降低了胆汁的浓度，能帮助肠道内正常寄居细菌的生长繁殖；而肠道中的大肠杆菌能利用膳食纤维合成泛酸、烟酸、核黄素、肌醇和维生素 K 等人体不可缺少的维生素。

食物纤维虽然有上述种种好处，但也不可多食。过多的食物纤维可能会影响钙、铁和一些维生素的吸收。只要我们粗细杂粮搭配合理，多食蔬菜水果，食物纤维素会为你的健康长寿显奇功。

传统富含纤维的食物有麦麸、玉米、糙米、大豆、燕麦、荞麦、茭白、芹菜、苦瓜、水果等。动物实验表明，蔬菜纤维比谷物纤维对人体更为有利。

附：食物的生物活性成分表

植物性食物中的功效成分（活性物质）与健康

功效成分	食物来源	保健作用
类黄酮物质（花青素、黄酮醇、黄烷醇等）	水果、蔬菜、茶、可可、葡萄酒、果酒及啤酒，富含于山楂、番石榴、草莓、猕猴桃、桑葚、石榴、橘子、橙子、柚子、油菜、姜、豇豆、大蒜、菠菜、韭菜、西兰花、山药等中	抗氧化作用，保护细胞膜不受损伤，延缓衰老，预防动脉粥样硬化，调节血脂。
异黄酮（金雀黄素、金誉苷、大豆苷元、大豆苷、大豆黄素）	大豆、腐竹、黄豆芽、绿豆、豌豆等，富含于豆渣中	降低血胆固醇和低密度脂蛋白胆固醇，因而减少心血管病发生，减少癌症发生的危险性；类雌激素的作用，缓和更年期症状；预防骨质疏松
褪黑素（松果体素）	燕麦、甜玉米、大米、大麦、生姜、番茄、香蕉	改善睡眠、抗氧化作用、延缓衰老、调节机体免疫力、增强抗癌药物的效果并减轻药物的副作用
大蒜素（大蒜新素）	大蒜	抑制癌瘤生长、调节血脂（降低胆固醇），缓解动脉粥样硬化；提高机体免疫力，抗菌及抗传染病
番茄红素（类胡萝卜素的一种）	番茄、红心葡萄、西瓜、棕榈油	增强机体免疫力，调节血脂（降低胆固醇），养活动脉粥样硬化和冠心病、防癌和抑癌作用，延缓衰老（抗氧化作用）
磷脂（卵磷脂、脑磷脂、神经鞘磷脂、脑苷脂类）	大豆、蛋黄、瘦肉、脑、肝、肾、酵母	延缓衰老，改善记忆，降血脂，预防脂肪肝、便秘，祛痘和祛斑
皂苷（皂甙）	西洋参、人参、刺五匣、大豆、薯蓣、山药、百合、桔梗	抗疲劳、抗衰老，增强机体免疫力，降低胆固醇，提高机体抗缺氧能力，改善脑缺血，抗肿瘤，抗菌，抗病毒

功效成分	食物来源	保健作用
膳食纤维（可溶和不可溶膳食纤维）	粗粮、蔬菜、水果、干果，富含的食物有魔芋粉、豆类、大麦、燕麦、荞麦；鱼腥草、口蘑、洋姜、叶菜类；柿子、石榴、桑葚、无花果、猕猴桃、酸枣、黑枣	润肠通便，降血脂和血糖，减脂，预防癌症
多糖（香菇多糖、人参多糖、甘蔗多糖、薏苡仁多糖、灵芝多糖、黑木耳多糖、猴头多糖、紫菜多糖、昆布多糖、银耳多糖、山药多糖）	蕈类（香菇、蘑菇、猴头蘑、姬松茸等）、枸杞、银耳、黑木耳、灵芝、茯苓、山药、昆布、甘蔗、薏苡仁、螺旋藻	抗疲劳、增强免疫力，降血糖和血脂，抗癌作用

第四章　各类食物的营养特点

第一节　谷类作物的营养特点

谷类包括小麦、稻谷、小米、高粱等，是人体最主要、最经济的热能来源。我国人民是以谷类食物为主的，人体所需热能约有 80%，蛋白质约有 50% 都是由谷类提供的。谷类含有多种营养素，以碳水化合物的含量最高，而且消化　利用率也很高。谷类食物含蛋白质 8%～15%。谷类中含脂肪集中在籽粒、谷皮或谷胚部分。小麦胚芽含大量油脂，不饱和脂肪酸占 80% 以上。谷类还含有维生素 E 和 B 族维生素。谷类所含无机盐为 1.5%～3%，其中一半为磷。

一、基本结构

谷类虽然有多种，但其结构基本相似，都是由谷皮、胚乳、胚芽三个主要部分组成（图4-1），分别占谷粒总重量的 13%～15%、83%～87%、2%～3%。谷皮为谷粒的最外层，主要由纤维素、半纤维素等组成。含有一定量的蛋白质、脂肪、维生素以及较多的无机盐。糊粉层在谷皮与胚乳之间，含有较多的磷、丰富的 B 族维生素及无机盐，可随加工流失到糠麸中。

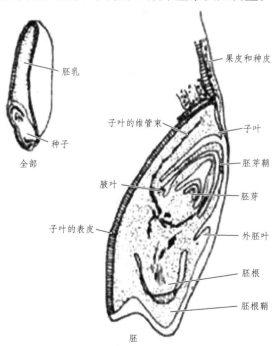

图 4-1　小麦麦粒（果实）纵切面

胚乳是谷类的主要部分，含淀粉（约74%）、蛋白质（10%）及很少量的脂肪、无机盐、维生素和纤维素等。

胚芽在谷粒的一端，富含脂肪、蛋白质、无机盐、B族维生素和维生素E。其质地较软而有韧性，加工时易与胚乳分离而损失。

二、营养价值

谷类可因种类、品种、产地、生长条件和加工方法的不同，其营养素的含量有很大的差别。

1. 蛋白质

谷类蛋白质含量一般在7.5%～15%，稻米为8%，白青稞为13.4%，燕麦为15.6%，主要由谷蛋白、醇溶蛋白、球蛋白组成。一般谷类蛋白质的必需氨基酸组成不平衡，如赖氨酸含量少，苏氨酸、色氨酸、苯丙氨酸、蛋氨酸含量偏低，蛋白质的营养价值低于动物性食物。谷类蛋白质含量虽不高，但在我们的食物总量中所占的比例高，因此谷类是膳食中蛋白质的重要来源。如果每人每天食用300～500 g粮谷类，就可以得到35～50 g蛋白质，这个数字相当于一个正常成人一天需要量的一半或以上。

2. 碳水化合物

我国人民膳食生活中50%～70%的能量来自谷类的碳水化合物。谷类碳水化合物含量一般在70%左右，主要为淀粉，集中在胚乳的淀粉细胞内，是人类最理想、最经济的能量来源，其特点是能被人体以缓慢、稳定的速率消化吸收，产生人体利用的葡萄糖，不会使血糖突然升高，而且其能量的释放缓慢，这无疑对人体健康是有益的。谷类所含的纤维素、半纤维素等膳食纤维能吸水，增加肠内容物的容量，能刺激肠道，增加肠道的蠕动，加快肠内容物的通过速度，利于清理肠道废物，减少有害物质在肠道的停留时间，预防或减少肠道疾病等重要的功能，糙米比精白米含量要高得多。

3. 脂　肪

谷类脂肪含量低，如大米、小麦为1%～2%，玉米和小米可达4%。主要集中在糊粉层和胚芽，因此在谷类加工时易损失或转入副产品中。在食品加工业中常将其副产品用来提取与人类健康有关的油脂，如从米糠中提取米糠油、谷维素和谷固醇，从小麦胚芽和玉米中提取胚芽油。这些油脂含不饱和脂肪酸达80%，其中亚油酸约占60%，在保健食品的开发中常以这类油脂作为功能油脂以替代膳食中富含饱和脂肪酸的动物油脂，可明显降低血清胆固醇，有防止动脉粥样硬化的作用。

4. 矿物质

谷类含矿物质1.5%～3%，主要是钙和磷，并多以植酸盐的形式集中在谷皮和糊粉层中，消化吸收率较低。

5. 维生素

谷类是B族维生素的主要来源，如硫胺素（VB_1）、核黄素（VB_2）、尼克酸（VPP）、泛酸（VB_3）、吡哆醇（VB_6）等含量较高。主要分布在糊粉层和胚部，可随加工而损失，加工越精细损失越大。精白米、面中的 B 族维生素可能只有原来的 10%～30%。因此，长期食用精白米、面，又不注意其他副食的补充，易引起机体维生素 B_1 不足或缺乏，导致患脚气病，主要损害神经血管系统，特别是孕妇或乳母若摄入维生素 B_1 不足，会影响到胎儿或婴幼儿健康。

从谷类的营养价值不难看出，谷类在我们的膳食生活中是相当重要的。中国营养学会于 1997 年发布的《中国居民膳食指南》第八条中第一条就明确提出"食物多样化、谷类为主"。在我国古代《黄帝内经》中就记载有："五谷为养、五畜为益、五菜为充、五果为助"，都把谷类放在第一位置，说明谷类营养是我们膳食生活中最基本的营养需要。

随着中国经济的发展，人民的经济收入不断提高，在我国人民的膳食生活中，食物结构也相应地发生了很大的变化，无论在家庭或是聚餐，餐桌上动物性食品和油炸食品多了起来，而主食很少，且追求精细。这种"高蛋白、高脂肪、高能量、低膳食纤维"三高一低的膳食结构致使我国现代"文明病"，如肥胖症、高血压、高脂血症、糖尿病、痛风等以及肿瘤的发病率不断上升，并正威胁着人类的健康和生命。此外，一些人说什么吃饭会发胖，因此只吃菜不吃饭或很少吃饭等，这又会导致碳水化合物不足，引起一系列问题。《中国居民平衡膳食宝塔》建议成人每天摄取 300～500 g 粮谷类食品。

全谷类食物是纤维和营养素的重要来源，它们能够提高人们的耐力，帮人们远离肥胖、糖尿病、疲劳、营养不良、神经系统失常、心血管疾病以及肠功能紊乱。

谷类在加工时，麸皮和胚芽基本上都除掉了，同时把膳食纤维、维生素、矿物质和其他有用的营养素比如植物雌激素、酚类化合物和植酸也一起除掉了。但加工谷类的质地更细一些，保存期也更长一些。很多加工谷类中加入了一些营养素，例如，要提高谷类食品蛋白质的营养价值，在食品工业上常采用氨基酸强化的方法，如以赖氨酸强化面粉生产面条、面包等，以解决赖氨酸含量少的问题；另外将两种或两种以上的食物共食，使各食物的必需氨基酸得到相互补充，如粮豆共食、多种谷类共食或粮肉共食等以提高其营养价值。

三、几种常见的谷类食品营养及药用价值

1. 粳 米

粳米是大米的一种，粳米是用粳型非糯性稻谷碾制成的米。米粒一般呈椭圆形或圆形，米粒丰满肥厚，横断面近于圆形，长与宽之比小于 2，颜色蜡白，呈透明或半透明，质地硬而有韧性，煮后黏性油性均大，柔软可口，但出饭率低。粳米含有碳水化合物约 79%，是热量的主要来源。粳米中的蛋白质虽然只占 7%，但因食量很大，所以仍然是蛋白质的重要来源。所含人体必需的氨基酸也比较全面，还含有脂肪、钙磷、铁及 B 族维生素等多种营养成分。

2. 糯 米

即黏稻米，在我国北方俗称江米，南方为糯米。糯米营养丰富，其淀粉结构主要为支链淀粉，经糊化后性质柔黏，性味温甘。因此，糯米是一种柔润食品，能补中益气、暖脾胃、止虚寒泄痢等，特别适宜老年人或脾胃病者食疗。

3. 小 麦

小麦麸皮含有丰富的粗纤维，维生素和矿物质。小麦中蛋白质组成中赖氨酸、苏氨酸、异亮氨酸严重不足。小麦麦胚芽是麦粒中营养素最集中的部位，蛋白质含量可达 30%，脂肪

含量 13.9%，维生素和矿物质含量约为面粉的 10 倍，并富含维生素 E、硫胺素、核黄素、钙、镁、锌以及多不饱和脂肪酸等。小麦胚芽具有增加细胞活力，改善人脑细胞功能，增强记忆，抗衰老以及预防心血管疾病等作用。根据加工精度的不同，其面粉分为全麦粉、标准粉和特制粉 全麦粉含麸皮中的粗纤维较多，颜色深，口感差，目前加工量很小。标准粉加工精度较低，基本消除了粗纤维、植酸及灰分，保留了较多的胚芽、外膜及其中储藏大部分营养成分，故营养价值较高。但不如特制粉的颜色好，口感和消化吸收率也不及特制粉。特制粉也叫精白粉，加工精度最高，胚芽及外膜保留最少，维生素和矿物质的损失也最多，营养价值不及标准粉。但精白粉含脂肪少，易保存，其植酸及纤维素含量也较少，因此消化吸收率比标准粉高。

4. 玉 米

玉米也称苞谷、玉蜀黍、包粟、玉谷等，因其粒如珠，色如玉而得名珍珠果。玉米含有多种营养成分，其中胡萝卜素、维生素 B_2、脂肪含量居谷类之首，脂肪含量是米、面的 2 倍，其脂肪酸的组成中必需脂肪酸（亚油酸）占 50%以上，并含较多的卵磷脂和谷固醇及丰富的维生素 E。因此玉米具有降低胆固醇，防止动脉粥样硬化和高血压的作用，并能刺激脑细胞，增强脑力和记忆力。玉米中还含有大量的膳食纤维，能促进肠道蠕动，缩短食物在消化道的时间，减少毒物对肠道的刺激，因此可预防肠道疾病。玉米除了有较高的营养价值外，还具有较高的食疗价值，在《本草纲目》中记载："气味甘平，无毒，主治调中开胃，根叶主治小便淋漓。"我国还有一些医学著作认为，玉米有利尿消肿、调中开胃的功效。最适宜有慢性肾炎者治疗时食用，还适用于有热象的各种疾病，如头晕、头胀的肝阳上亢，胃热引起的消渴，湿热型肝炎，肺热型鼻衄、咯血，以及产后血虚、内热所致的虚汗等。因此在我们的餐桌上经常有玉米就能强身健体。

5. 小 米

也称粟米、谷子，是我国北方某些地区的主食之一。每 100 g 小米含蛋白质 9 g、脂肪 3.1 g、膳食纤维 1.6 g、维生素 A 17 μg、胡萝卜素 100 μg、维生素 B_1 0.33 mg、维生素 B_2 0.1 mg、维生素 E 3.63 mg、微量元素铁 5.1 mg 等。由于小米营养丰富，它不仅可以强身健体，而且还可防病去恙，据《神农本草经》记载，小米具有养肾气，除胃热，止消渴（糖尿病），利小便等功效。

6. 黑 米

俗称黑糯，又名补血糯，其营养价值很高，是国内外盛行的保健食品之一。黑米的米皮紫黑，而内质洁白，熟后色泽新艳，紫中透红，味道香美，营养丰富。据营养分析，黑米含蛋白质约 9.4%，其必需基酸如赖氨酸、色氨酸，膳食纤维，维生素 B_1、维生素 B_2 等均高于其他稻米。此外，黑米还具有很高的药用价值。在《本草纲目·谷部》记载："黑糯米具有补中益气、治消渴、暖脾胃、虚寒泻痢、缩小便、收自汗、发痘疮"等功效。现代医学研究表明，黑米具有补中益气、暖脾止虚、健脑补肾、收宫健身等功效；常食黑米能使肌肤细嫩，乌发回春，体质增强，延年益寿，是老人、幼儿、产妇、体弱者的滋补佳品。

7. 荞 麦

又称乌麦、甜麦、花麦、花荞、三棱荞等。荞麦含蛋白质 9.3%，人体必需的赖氨酸含量较高。荞麦含脂肪 2.3%，其中单不饱和脂肪酸（油酸）占 46.9%，亚油酸占 14.6%，荞麦维生素 E 含量也较高。荞麦每 100 g 中含膳食纤维 6.5 g、维生素 B_1 0.28 mg、维生素 B_2 0.16 mg、钾 401 mg、镁 258 mg、铁 6.2 mg 等，都较高。荞麦含有具有药理功效的云香苷（芦丁）等物质，芦丁具有降脂、软化血管、增加血管弹性等作用，可以预防高血压、高血脂、动脉粥样硬化、冠心病等疾病。

8. 燕 麦

又名雀麦、黑麦、铃铛麦、玉麦、香麦、苏鲁等，是一种营养丰富的谷类食品，不仅蛋白质含量（14.3% ~ 17.6%）高于其他谷类，而且必需氨基酸中赖氨酸也高于其他谷类。脂肪含量为 6.1% ~ 7.9%，其中必需脂肪酸（亚油酸）占 35% ~ 52%。另外还含有较多的膳食纤维、维生素 B_1、B_2 和较多的磷、铁等。由于燕麦含有亚油酸、氨基酸及其他有益的营养成分，因此被称为降脂佳品，对预防和治疗动脉粥样硬化、高血压、糖尿病、脂肪肝等也有较好的效果。故可以说，燕麦是药食兼优的营养保健食品。

9. 薏仁米

又称薏苡仁、药玉米、薏米、薏珠子等，属药食两用的食物。薏仁米蛋白质含量高达 12% 以上，高于其他谷类（约 8%），还含有薏仁油、薏苡酯、薏苡仁素、β-谷甾醇、多糖、维生素 B 等成分，其中薏苡酯和多糖具有增强人体免疫功能、抑制癌细胞生长的作用。国内外多用薏米配伍其他抗癌药物治疗肿瘤，并收到一定疗效。中国医学认为，薏米味甘淡，性凉，入脾、肺、肾三经，具有健脾利湿、清热排浓、降痹缓急的功效。临床上常用治疗脾虚腹泻、肌肉酸重、关节疼痛、屈伸不利、水肿、脚气、白带、肺痈、肠痈、淋浊等多种病症。

第二节　肉类的营养特点

一、畜禽肉类的营养特点

1. 蛋白质

畜禽肉类氨基酸种类和比例接近人体需要，易消化吸收，为利用率高的优良蛋白质。存在于结缔组织中的间质蛋白，主要是胶原蛋白和弹性蛋白，由于必需氨基酸组成不平衡，如色氨酸、酪氨酸、蛋氨酸很少，蛋白质的利用率低，属于不完全蛋白质。此外，畜禽肉中含有一些含氮浸出物，是肉汤鲜味的主要成分，包括肌凝蛋白原、肌肽、肌酸、肌酐、嘌呤碱、尿素和氨基酸等非蛋白含氮浸出物，使肉汤具有鲜味。

2. 脂 肪

畜肉的脂肪质量因牲畜的肥瘦程度及部位不同有较大差异。育肥的畜肉脂肪可达 30% 以上，如瘦羊肉含脂肪 18.9%，肥羊肉则可达 35% ~ 45.7%；瘦猪肉含脂肪 23.3%，肥猪肉可达 42.1%。同一畜体肥肉的脂肪质量分数多，瘦肉和内脏脂肪质量分数较低，如猪肥肉脂肪质量分数达干重的 90%，猪里脊含脂肪占干重的 7.9%，猪前肘含脂肪 31.5%，猪五花肉含脂肪

35.3%，牛五花肉含脂肪 5.4%，瘦牛肉含脂肪 2.3%。畜肉类脂肪以饱和脂肪酸为主，其主要成分是甘油三酯，少量卵磷脂、胆固醇和游离脂肪酸。禽肉脂肪熔点低（33～40 ℃），易于消化吸收，含有 20%的亚油酸，营养价值较畜类的高。

3. 碳水化合物

畜禽肉中的碳水化合物质量分数极少，一般以游离或结合的形式广泛地存在于动物组织或组织液中。主要形式为糖原，肌肉和肝脏是糖原的主要储存部位。

4. 矿物质

畜禽肉矿物质质量分数为 0.8%～1.2%，瘦肉要比脂肪组织含有更多的矿物质。肉是磷、铁的良好来源，在畜禽的肝脏、肾脏、血液、红色肌肉中含有丰富的血色素铁，生物利用率高，是膳食铁的良好来源。肉中钙主要集中在骨骼中，肌肉组织中钙质量分数较低，仅为 7.9 mg/100 g。畜禽肉中的锌、硒、镁等微量元素比较丰富，其他微量元素的质量分数则与畜禽饲料中的质量分数有关。

5. 维生素

畜禽肉中维生素较多的集中在肝脏、肾脏等部位，B 族维生素、维生素 A 丰富。禽肉的维生素较畜类高 1～6 倍，而且含有较多的维生素 A、E。

第三节　水产品的营养特点

一、鱼的营养特点

1. 蛋白质

鱼类肌肉蛋白质质量分数一般为 15%～25%。肌纤维细短，间质蛋白少，组织软而细嫩，比畜禽肉更易消化，其营养价值与畜禽肉近似，属于完全蛋白质。鱼类的外骨骼发达，鱼鳞、软骨中的结缔组织主要是胶原蛋白，是鱼汤冷却后形成凝胶的主要物质。

2. 脂　肪

鱼类脂肪多由不饱和脂肪酸组成（占 70%～80%），熔点低，常温下为液态，消化吸收率达 95%。部分海产鱼（如沙丁鱼、金枪鱼、鲣鱼）含有的长链多不饱和脂肪酸，如二十碳五烯酸（EPA）和二十二碳六烯酸（DHA），具有降低血脂和胆固醇质量分数，防治动脉粥样硬化的作用。

鱼类的胆固醇含量不高，一般为 60～114 mg/100 g。但银鱼中含量较高，一般为 361 mg/100 g，鲳鱼籽的胆固醇含量高达 1070 mg/100 g。

3. 矿物质

鱼类（尤其是海产鱼）矿物质质量分数较高，为 1%～2%。其中磷的质量分数最高，钙、钠、氯、钾、镁质量分数丰富。鱼类钙的质量分数较畜禽肉高，为钙的良好来源。海产鱼类含碘也很丰富，可达 500～1000 μg/100 g，而淡水鱼的碘质量分数只有 50～400 μg/100 g。

4. 维生素

鱼类是维生素 B_2 和烟酸的良好来源，如黄鳝含维生素 B_2 2.08 mg/100 g，河蟹为 0.28 mg/100 g、海蟹为 0.39 mg/100 g。海鱼的肝脏是维生素 A 和维生素 D 富集的食物。少数生鱼肉中含有硫胺素酶，在存放或生吃时可破坏鱼肉中的硫胺素。加热烹调处理后，硫胺素酶即被破坏。鱼类还含有一定量的氨基乙磺酸，对胎儿和新生儿的大脑和眼睛正常发育，维持成人血压，降低胆固醇，防止视力衰退等有重要作用。

二、两栖爬行类及低等动物类原料肉的营养特点

1. 虾蟹的营养特点

蛋白质质量分数为 15%～20%，与鱼肉相比，缬氨酸、赖氨酸质量分数相对较低。脂肪为 1%～5%。虾蟹钙、铁的质量分数较丰富，尤其是虾皮中钙的质量分数特别高，可达体重的 2%。

2. 两栖爬行类原料的营养特点

皮肤、肌肉、内脏、卵供食用。其肌肉蛋白质占 12%～20%，龟、鳖胶原蛋白比例较大，胶质丰富，由于缺乏色氨酸，大多为不完全蛋白质。其余品种蛋白质质量较高。本类原料脂肪组织不明显，如 100 g 田鸡的脂肪仅有 0.3 g，甲鱼脂肪较高，也只有 1.1 g。两栖爬行类动物肉有较丰富的钙、磷、铁、B 族维生素，尤其是尼克酸质量分数较高。

3. 软体动物的营养特点

营养成分类似鱼类，蛋白质 10%～20%，脂肪 1%～5%。贝类以糖原代替脂肪而成为储存物质，因而碳水化合物质量分数可达 5%以上，个别甚至高达 10%。贝类蛋白质的精氨酸比其他水产品高，而蛋氨酸、苯丙氨酸、组氨酸质量分数比鱼类低。软体动物肉含有较多的甜菜碱、琥珀酸，形成肌肉甜味和鲜味。贝类矿物质为 1.0%～1.5%，其中钙和铁质量分数高，海产软体动物的碘质量分数较高，微量元素质量分数类似肉类。需要注意的是牡蛎锌的质量分数很高，每 100 g 含锌高达 128 mg，是人类锌的很好来源。软体动物的维生素以维生素 A、维生素 B_{12} 较丰富。干制的墨鱼、鱿鱼蛋白质可达 65%。干贝蛋白质可达 63.7%，脂肪达 3.0%，碳水化合物为 15%左右。

三、其他动物性食物的营养特点

1. 海　参

海参的主要营养成分中，蛋白质为 21.45%，脂肪为 0.27%，碳水化合物为 1.31%，矿物质为 1.13%，钙、磷、铁等无机盐质量分数很丰富。其中蛋白质中赖氨酸质量分数很丰富，为完全蛋白质，但与鸡蛋、牛奶相比，其蛋白质的吸收率较低。

2. 鱼翅、鱼唇、鱼肚

鱼翅是以鲨鱼、鳐鱼等的鱼鳍干制而成，为海珍原料。从所含营养成分看，碳化合物占0.20%，脂肪为0.28%，蛋白质83.53%，矿物质为2.24%，其中钙、磷、铁的质量分数较高。从蛋白质的质量看，缺乏人体必需氨基酸色氨酸，所以蛋白质的质量分数虽高，却为不完全蛋白质，生物效价较低，鱼唇的可食部分仅占44%。与鱼翅相似，鱼唇蛋白质达62%，鱼肚蛋白质高达84%，但是，蛋白质缺乏色氨酸，为不完全蛋白质。

3. 燕　窝

燕窝含蛋白质49.85%，脂肪为0，碳水化合物为30.55%，矿物质占6.19%，其中钙为0.429%，磷为0.03%，铁为0.005%。燕窝主要供给碳水化合物和蛋白质，其蛋白质为不完全蛋白质，质量分数虽高，但生物效价低。将燕窝视为营养价值很高的补品不太合适。

4. 蹄筋、响皮等

蹄筋、响皮、熊掌、鹿筋等都是以动物的结缔组织经干燥而成的制品。主要成分为不完全蛋白质——胶原蛋白，质量分数可达70%~80%。胶原蛋白由于缺乏色氨酸，营养价值不高。但对于伤口愈合有十分重要的作用。另外，蹄筋等含有一定的矿物质，除了响皮外，脂肪、碳水化合物质量分数甚微，几乎不含维生素。

第四节　蔬菜、水果的营养价值

一、蔬菜的营养价值

蔬菜和水果种类繁多，在膳食中所占比例较大，是膳食维生素和无机盐的主要来源，还含有丰富的纤维素、果胶和有机酸等，能刺激胃肠蠕动和消化液分泌，促进人的消化和食欲，蛋白质和脂类含量很低。

蔬菜是提供人体维生素C、胡萝卜素和维生素B_2的重要来源，尤其是维生素C的含量极其丰富。一般情况下，这些维生素在各种新鲜绿叶蔬菜中含量最丰富，瓜类和茄果类中含量相对较少。在绿叶菜中，除维生素C外，其他维生素含量均是叶部比根茎部高，嫩叶比枯叶高，深色的菜叶比浅色的高。所以在选择蔬菜时，应注意选新鲜、色泽深的蔬菜。

蔬菜也是人体无机盐的重要来源，尤其是钾、钠、钙和镁等。它们在体内的最终代谢产物呈碱性，故称"碱性食品"。而粮、豆、肉、鱼和蛋等富含蛋白质的食物，由于硫和磷很多，体内转化后，最终产物多呈酸性，故称为"酸性食品"。人类膳食中的酸性和碱性食品必须保持一定的比例，这样有利于机体维持酸碱平衡。某些蔬菜如菠菜、牛皮菜、蕹菜和葱头等，因含有较多量的草酸，易和钙形成草酸钙，不利于钙的吸收利用，故在需要补充钙质的人中，应注意选择雪里蕻、油菜、芥蓝菜等钙含量高、机体易于利用的蔬菜。

蔬菜还含有较多的纤维素、半纤维素、木质素和果胶等。这些物质不能被人体消化酶水解，但可促进肠道蠕动，有利于粪便排出，减少胆固醇的吸收。

按可食部分结构，蔬菜可分为叶菜类、根茎类、瓜类与茄果类和鲜豆类等。其所含的营养成分，因其种类不同各有其特点。

1. 叶菜类

包括白菜、菠菜、油菜、卷心菜、苋菜、韭菜、芹菜及蒿菜等，主要提供胡萝卜素、维生素 C 和 B_2。其中油菜、苋菜、雪里蕻、荠菜和菠菜，含胡萝卜素及维生素 C 较丰富。无机盐的含量也较多，尤其是铁，不仅量多，而吸收也较好，对预防贫血是非常重要的。但是，蛋白质的含量较少，平均约为 2%；脂肪含量则更少，平均不超过 0.5%；碳水化合物一般也不超过 5%。

2. 根茎类

包括萝卜、马铃薯、藕、甘薯、山药、山药、芋头。藕和甘薯中淀粉含量较高，为 15%~30%。胡萝卜含有较高的胡萝卜素，每百克可达 4.07 mg。蛋白质和脂肪含量普遍不高，其中马铃薯和芋头中含蛋白质相对较高，约 2%。根茎类也含有钙、磷、铁等无机盐，但含量不高。

3. 瓜类与茄果类

包括冬瓜、南瓜、西葫芦、丝瓜、黄瓜、茄子、西红柿和辣椒等。这类蔬菜营养素含量较低，但辣椒含有丰富的维生素 C 和胡萝卜素，西红柿维生素 C 含量也较高，其含量相当于香蕉和苹果的 2 倍，梨的 3 倍。西红柿还含有机酸，能保护维生素 C 不受破坏，烹调损失少。

4. 鲜豆类

包括毛豆、豌豆、蚕豆、扁豆、豇豆和四季豆等。与其他蔬菜相比，鲜豆类蛋白质、碳水化合物、维生素和无机盐的含量较高。鲜豆中的铁易于消化吸收，蛋白质的质量也较高。

二、蔬菜的选择和烹调

蔬菜虽含有丰富的维生素和矿物质，但烹调加工不合理，可造成这些营养素的大量损失。B 族维生素和无机盐易溶于水，所以蔬菜宜先洗后切，尤其要避免将切碎的蔬菜长时间浸泡在水中，以避免 B 族维生素和无机盐损失。烹调时，要尽可能做到急火快炒。试验证明，蔬菜煮 3 min，其中维生素 C 损失 5%，10 min 达 30%。为了减少维生素的损失，烹调时，加入少量淀粉，可以保护维生素 C 不被破坏。为减少草酸对钙吸收的影响，有些蔬菜如菠菜等在烹调时，可先将蔬菜放在开水中煮或烫一下后捞出，使其中的草酸大部分溶留在水中。

新上市蔬菜从表面看似乎停止了生长，但仍具有生命活力，进行着复杂的生物化学变化，其营养成分逐渐下降。所以应尽量选择新鲜蔬菜，不要吃腐烂的蔬菜，尤其是烂白菜。因为白菜中含有大量的硝酸盐，腐烂后经细菌作用，可转变成亚硝酸盐。亚硝酸盐不仅能使血液中的低铁血红蛋白变成高铁血红蛋白，使血液失去载氧能力而引起食物中毒，同时还能促使胺形成致癌物质亚硝胺。

某些蔬菜具有药用价值，例如胡萝卜含丰富的胡萝卜素，常被用来治疗夜盲症和眼干燥症等。由于胡萝卜素属脂溶性维生素，需要以食用油将胡萝卜素烹调煮熟后食用，可使消化利用率明显增加。胡萝卜还有降压、强心、抗炎和抗过敏作用，让高血压患者饮胡萝卜汁，有降低血压作用。大蒜的功用更多，具有良好的杀菌、降脂、降压、降血糖、解毒等作用。

三、水果的营养价值

水果分为鲜果类和干果类。前者种类很多，有苹果、橘子、桃子、梨、杏、葡萄、香蕉等；后者是新鲜水果经加工制成的果干，如葡萄干，杏干，蜜枣和柿饼等。

水果的营养特点：新鲜水果的营养成分主要是维生素和矿物质，尤其是维生素 C。据营养专家分析，新鲜大枣维生素 C 的含量高达 540 mg/100 g，是一般蔬菜和其他水果含量的 30 ~ 100 倍；酸枣的含量更高，达 830 ~ 1170 mg/100 g。人体的利用率也高，平均达 86.3%。红黄色水果，如柑橘、杏、菠萝、柿子等均含有较多的胡萝卜素。葡萄和红枣中，含有较高的碳水化合物，葡萄中以葡萄糖为主，可以直接吸收利用，此外还含有十几种氨基酸，是营养价值较高的果品。另外，水果中也含有较多的 Ca、P、Fe、Cu、Mn 等矿物质。水果中蛋白质含量不到 1.5%。有的水果，如葡萄、杏、梨和柿子等不含脂肪或含量极微。

在干果中，因加工时损失，维生素含量明显降低。但是蛋白质、碳水化合和矿物质因加工使水分减少，含量相对增加。如鲜葡萄中蛋白质含量为 0.7%、碳水化合物 11.5%，Ca 为 19 mg/100 g，而加工成葡萄干后，依次增加到 4.1%、78.7%和 101 mg/100 g。加工后的干果，虽失去某些鲜果的营养特点，但易于运输和储存，有利于食品的调配，使饮食多样化。在各种绿色、橘黄色及红色蔬菜中都含有较高的胡萝卜素，是维生素 A 的主要来源，如芒果、柑橘类、杏、柿子等。

蔬菜和水果含有各种芳香物质，刺激食欲，有助于食物的消化吸收。水果中含有各种有机酸，主要有苹果酸、柠檬酸和酒石酸等，这些成分一方面可使食物具有一定的酸味，可刺激消化液的分泌，有助于食物的消化；另一方面，使食物保持一定的酸度，对维生素 C 具有保护作用，蔬菜和水果还含有纤维素、果胶等，能刺激胃肠蠕动和消化液分泌，对促进人们的食欲和帮助消化起着很大作用。

第五节　蛋类的营养价值

一、鸡蛋的营养价值

鸡蛋蛋黄和蛋白都含丰富的优质蛋白，每百克鸡蛋含蛋白质 14.7 g，主要为卵白蛋白和卵球蛋白，其中含有人体必需的 8 种氨基酸，并与人体蛋白的组成极为近似。人体对鸡蛋蛋白质的消化、吸收率最高，鸡蛋蛋白质的吸收率可高达 98%。鸡蛋中蛋氨酸含量特别丰富，而谷类和豆类都缺乏这种人体必需的氨基酸，所以，将鸡蛋与谷类或豆类食品混合食用，能提高后两者的生物利用率。

鸡蛋每百克含脂肪 11.6 g，大多集中在蛋黄中，以不饱和脂肪酸为多，脂肪呈乳融状，易被人体吸收。蛋黄中含有丰富的卵磷脂，对增进神经系统的功能大有裨益，是较好的健脑食品。鸡蛋黄中含有较多的胆固醇，每百克可高达 1705 mg，因此，不少人怕吃鸡蛋引起胆固醇增高而导致动脉粥样硬化。近年来科学家们发现，鸡蛋同时也含有丰富的卵磷脂，进入血液后，会使胆固醇和脂肪颗粒变小，使之保持悬浮状态，从而阻止胆固醇和脂肪在血管壁的沉积。因此，对胆固醇正常的老年人，每天吃 2 个鸡蛋，其 100 mL 血液中的胆固醇最高增加 2 mg，不会造成血管硬化。但吃得太多，不利胃肠的消化，还会增加肝、肾负担。每人每天以吃 1 ~ 2 个鸡蛋为宜。

鸡蛋还有钾、钠、镁、铁、磷等矿物质，特别是蛋黄中的铁质达 7 mg/100 g。蛋中的磷很丰富，但钙相对不足，所以，将奶类与鸡蛋共同喂养婴儿，可以补充奶类中铁的匮乏，实现营养互补。鸡蛋特别是蛋黄中维生素 A、B_2、B_6、D、E 及生物素的含量很丰富，维生素 C 的含量较少。

鸡蛋是人类理想的天然食品，吃鸡蛋应以煮、卧、蒸、甩为好，因为煎、炒、炸虽然好吃，但较难以消化。如将鸡蛋加工成咸蛋后，其含钙量会明显增加，可由每百克的 55 mg 增加到 512 mg，约为鲜蛋的 10 倍，特别适宜于骨质疏松的中老年人食用。

鸡蛋特别是蛋黄，含有丰富的营养成分，这些营养成分，对于促进幼儿生长发育、强壮体质及大脑和神经系统的发育、增强智力都有好处。1 岁以内、4 个月以上的婴儿，以食用蛋黄为宜，一般从 1/4 个蛋黄开始，适应后逐渐增加到 1 ~ 1.5 个蛋黄。1 岁以上的幼儿可以开始食用全蛋。有些幼儿对卵清蛋白过敏，应避免食用蛋清，吃少量蛋黄，逐步达到脱敏的目的。

鸡蛋很容易受到沙门氏菌和其他致病微生物感染，生食易发生消化系统疾病，生蛋清中含有抗生物素蛋白和抗胰蛋白酶，它们妨碍蛋白质和生物素的分解和吸收。相反，煮熟鸡蛋的蛋白质结构由致密变为松散，易为人体消化吸收。当然，过度加热后，蛋白质过度凝固，也不利于消化吸收。

煮鸡蛋是常用的吃法之一，正确的煮蛋法：鸡蛋于冷水下锅，慢火升温，沸腾后微火煮 2 min。停火后再浸泡 5 min，这样煮出来的鸡蛋蛋清嫩，蛋黄凝固又不老。

二、其他蛋类的营养价值

除了鸡蛋，常见的还有鸭蛋、鹅蛋、咸鸭蛋、鸽蛋、鹌鹑蛋等。它们的营养成分大致相当，但也存在一些细微的不同：

（1）鸭蛋中蛋氨酸和苏氨酸含量最高。

（2）咸鸭蛋中钙含量高出鸡蛋的一倍，与鸽蛋中的钙含量相当。

（3）鹅蛋中的脂肪含量最高，相应的胆固醇和热量也最高，并含最丰富的铁元素和磷元素。

（4）鸽蛋中蛋白质和脂肪含量虽然稍低于鸡蛋，但所含的钙和铁元素均高于鸡蛋。

（5）鹌鹑蛋的蛋白质、脂肪含量都与鸡蛋相当，然而它的核黄素（VB_2）含量是鸡蛋的 2.5 倍。而鸡蛋中的胡萝卜素却是所有蛋类的蛋黄中最多的。

第六节　豆类的营养价值

豆类是我国的传统食物之一，古时就有"五谷宜为养，失豆则不良"的说法，理解为：五谷是有营养的，可以用来养生，但失去豆则会引起不良，如营养不均衡等现象，这足以说明豆类的营养价值之高。

一、豆类的营养

豆类含有丰富的碳水化合、脂肪、蛋白质以及维生素、矿物质和植物化学物质等。

（1）豆类中的碳水化合物以膳食纤维和低聚糖为主，能起到促进肠道益生菌的繁殖，对促进肠蠕动和维持肠道健康有着重要的意义。

（2）豆类脂肪的含量约 15%～20%，常用作油脂的原料，另外大豆中还含有磷脂，对人体的生长发育和神经活动有着重要的作用，也可以促进肝脏的脂肪代谢，减少肠道对胆固醇的吸收，有利于预防心脑血管疾病的发生。

（3）豆类作为植物性食物不含胆固醇。

（4）含有植物固醇，由于其与胆固醇结构类似，人体在消化吸收时能与胆固醇产生竞争效应，减少胆固醇的吸收，从而达到预防心脑血管疾病的作用。

（5）含有植物雌激素——类黄酮，对女性体内的雌激素有着双向调节的作用，还有预防乳腺癌、缓解骨质疏松和更年期症状的作用；同时还有助于预防男性前列腺癌。

（6）大豆中含有丰富的 B 族维生素和钙等营养素，另外还含有对人体有益的膳食纤维。

二、各类豆制品的营养

（1）豆腐：北豆腐也就是我们常说的卤水豆腐，由于卤水的成分是氯化镁和氯化钙，吃卤水豆腐可以补充镁、钙及其他微量元素；石膏豆腐，石膏的成分为硫酸钙，同样富含钙；内酯豆腐是用葡萄糖内酯制作而成，营养成分无特别差异。

（2）豆制品中的 B 族维生素含量丰富，经过发酵后的豆制品如腐乳等，其 B 族维生素的含量更是丰富，是纯素食主义者 B 族维生素尤为良好的来源，其是维生素 B_{12} 的重要来源。

（3）豆类缺乏蛋氨酸，但其富含赖氨酸，而谷类食物富含蛋氨酸缺乏赖氨酸，两者结合正好起到蛋白质互补的作用，代表性的食物有我们常吃的豆沙包。

（4）干性豆类中几乎不含维生素 C，但加工成豆芽后，其维生素 C 的含量明显提高，在缺少新鲜蔬菜和水果时是维生素 C 的良好来源。

第七节　奶类的营养价值

奶类主要包括牛奶、羊奶等。奶类营养丰富，含有人体所必需的营养成分，组成比例适宜，而且是容易消化吸收的天然食品。它是婴幼儿主要食物，也是病人、老人、孕妇、乳母以及体弱者的良好营养品。奶类除不含纤维素外，几乎含有人体所需要的各种营养素，如蛋白质、脂肪、碳水化合物、维生素和无机盐等。

一、牛奶的营养成分

100 g 牛奶含水分 87 g，蛋白质 3.3 g，脂肪 4 g，碳水化合物 5 g，钙 120 mg，磷 93 mg，铁 0.2 mg，维生素 A 140 国际单位，维生素 B_1 0.04 mg，维生素 B_2 0.13 mg，烟酸 0.2 mg，维生素 C 1 mg。可供热量 288.8 kJ。

二、奶类的营养特点

奶中的蛋白质主要是酪蛋白、白蛋白、球蛋白、乳蛋白等，所含的 20 多种氨基酸中有人体必需的 8 种氨基酸，奶蛋白质是全价的蛋白质，它的消化率高达 98%。

乳脂肪是高质量的脂肪，它的消化率在 95% 以上，而且含有大量的脂溶性维生素。

奶中的碳水化合物是半乳糖和乳糖，是最容易消化吸收的糖类。

奶中的矿物质和微量元素都是溶解状态，而且各种矿物质的含量比例，特别是钙、磷的比例比较合适，很容易消化吸收。

牛奶和奶制品干酪中含有一种 CLA 的物质，能有效破坏人体内有致癌危险的自由基，并能迅速和细胞膜结合，使细胞处于防御致癌物质侵入的状态，从而起到防癌作用。牛奶中所含的钙能在人体肠道内有效破坏致癌物质，使其分解改变成非致癌物质，并排出体外。牛奶中所含的维生素 A、维生素 B_2、维生素 D 等对胃癌和结肠癌都有一定的预防作用。牛奶中还含有多种能增强人体抗病能力的免疫球蛋白，也有防癌作用。另外酸牛奶中含有一种酶，能有效防止癌症患者因化学疗法和放射疗法所引起的副作用。

乳是哺乳动物出生后赖以生存发育的唯一食物，它含有适合其幼子发育所必需的全部营养素。牛奶中含有的磷，对促进幼儿大脑发育有着重要的作用。牛奶中含有钙，可增强骨骼牙齿强度，促进青少年智力发展。

牛奶含有一种可抑制神经兴奋的成分。起镇静安神作用。睡前喝一杯牛奶可促进睡眠。

牛奶营养丰富，含有高级的脂肪、各种蛋白质、维生素、矿物质，特别是含有较多维生素 B 族。牛奶中所含的铁、铜和维生素 A，有美容养颜作用，可使皮肤保持光滑滋润。牛奶中的乳清对面部皱纹有消除作用。牛奶还能为皮肤提供封闭性油脂，形成薄膜以防皮肤水分蒸发，另外，还能暂时提供水分，所以牛奶是天然的护肤品。

奶制品中丰富的钙元素促进机体产生更多能降解脂肪的酶，帮助人体燃烧脂肪。

牛奶中含有乳糖，可促进人体对钙和铁的吸收，增强肠胃蠕动，促进排泄。酸奶中含有大量的乳酸和有益于人体健康的活性乳酸菌，有利于人体消化吸收，激活胃蛋白酶，增强消化机能，提高人体对矿物质钙、磷、铁的吸收率。牛奶中的镁能缓解心脏和神经系统疲劳，锌能促进伤口更快的愈合。鲜牛奶是除了母乳之外被人类饮用最为广泛的乳类，它含有几乎人类身体需要的所有营养，有"白色血液"之称。

奶类蛋白质是优质蛋白，生理价值仅次于蛋类，其赖氨酸和蛋氨酸含量较高，能补充谷类蛋白质赖氨酸和蛋氨酸的不足。奶类中胆固醇含量不多，还有降低血清胆固醇的作用。奶与蔬菜、水果一样，属于碱性食品，有助于维持体内酸碱平衡。此外，奶类食物是我们常吃的食物中含钙质最多的，喝奶是补钙的最好方式。

有些人喝奶后有不舒适的感觉，是由于这些人体内的乳糖酶太少或一次喝奶太多造成的，因此喝奶要少量多次。酸奶是加工过程中添加了对人体有益的乳酸菌,已经把鲜奶中的乳糖在体外转化成乳酸,这些人可选用酸奶。

　　奶类加热消毒时煮的时间太久,某些营养素受到破坏,故牛奶不宜久煮。现在市售的鲜奶有两种不同的消毒过程。一种是巴氏消毒,这种奶保存期比较短,一般保质期在 3 d 左右,饮用这种鲜奶加热至沸即可。另外一种是超高温消毒,这种奶一般保质期都在 30 d 以上,饮用时不用加热,可打开包装即喝。空腹时饮用牛奶,奶中的蛋白质等就会被变成热能消耗掉。合理的食用方法是在喝奶前吃一点饼干和稀饭之类的食物。新鲜牛奶经日光照射 1 min 后,奶中的 B 族维生素会很快消失,维生素 C 也所剩无几;即使在微弱的阳光下,经 6 h 照射后,其中 B 族维生素也仅剩一半。所以,牛奶要放在避光地方保存。

第五章　食品与人体生长发育

第一节　食品与人体生长发育

一、人体长高的机理

人体生长过程中逐渐长高是骨骼生长发育的结果，而且主要表现在下肢骨和脊椎骨的生长。人类的身高主要取决于长骨（如下肢的股骨、胫骨）的长度。长骨的生长，包括骨的纵向生长（即线生长）和骨的成熟两个方面：在人刚出生时，主要的长骨，如肱骨、股骨和胫骨的两端骺部，除股骨远端以外都是软骨，以后在不同的年龄，骺部出现骨化中心，骨化中心逐步增大，骨组织就代替了软骨组织。但是，在骨干和骨骺之间仍有一段软骨，医学上叫骺板软骨（生长板），这段软骨细胞在生长发育期不断地纵向分裂、繁殖，生成新的软骨，与此同时，在靠近骨干的部位也在不断地进行着成骨过程。长骨就是这样一点一点地增长，人也就渐渐长高了。但是，到了 20～22 岁，骺板软骨渐渐消失，骨骺闭合，骨的纵向生长停止，人也就不能再长高。

由此可见，长骨骺板软骨的生长是人类长高的基础，而且骺板软骨的生长又是在人体内生长激素、甲状腺激素等多种激素的协同作用下完成的，其中，促使软骨细胞分裂增殖的主要动力源是生长激素，在人的身高增长中起着主导作用。

生长激素是腺垂体嗜酸性细胞分泌的蛋白质类激素，可直接促进氨基酸由细胞外向细胞内转运，同时促进细胞内核糖核酸和去氧核糖核酸的合成，使蛋白质合成增多，增加细胞的体积和数量；此外，生长激素还调节糖和脂肪的代谢，促进骨和软骨组织的增长，从而促进全身各组织器官的生长、发育，使身高增长。幼年期生长激素分泌不足时，产生侏儒症；相反，分泌过多时，则引起骨骼过分长长，产生巨人症。成年后，生长激素分泌过多则易引起内脏增大和短骨增粗，增长等现象，临床可见肢端肥大症（与肥胖有一定区别）。此外，生长激素能阻止葡萄糖进入细胞内，有产生尿糖作用。

出生到 1 周岁是孩子一生中成长最快的阶段，然后逐渐慢下来，一直到进入青春期，性荷尔蒙启动和生长激素交互作用，孩子的身高、体重又开始急遽增加。一个人身高的进展要配合"骨龄"（骨骼生长发育的年龄）一起评估，不能只看日历年龄。有些早熟的孩子，骨龄进展比实际年龄快，一开始身高显得比同年龄孩子突出，不过未必日后的成人身高会比较高。身高能长到什么时候，要看全身生长板关闭的情况，生长板如果关闭了，表示骨骼已经发育成熟，骨头不再生长，身高也不会再增加。

二、决定身高的因素

1. 遗传因素

影响孩子身高最主要的决定因素是遗传。父母身高和孩子身高的关联性高达 80%，父母的影响各占一半，所以父母如果个子都不高，孩子的身高一般来说不会特别突出。不过，也有例外。人的身高并不是由单一特定的基因决定，大部分人身上同时存在高的基因和矮的基因，长得高或矮，主要看遗传表现的是哪一个，所以一个家庭里，有时候会见到一个孩子长得高，另一个孩子却很矮的情形。不过这种父母和孩子身高差距十几厘米以上的情形纯属少数，大多数孩子发育完成后的体型仍然和父母相近。

除了基因会影响身材的高矮，后天因素也很重要，如果你的营养不良、运动不足，很可能就长不到预期的高度。

2. 营养摄取

充足且均衡的营养是孩子长高的关键。

根据美国食品药物管理局（FDA）的建议，想让孩子长得高又壮，不可缺少的营养素包括蛋白质、维生素 A、维生素 C、维生素 D、矿物质钙、铁及锌。

蛋白质是构成人体酶的成分，通过调控酶的活性调控人体生物化学反应，是人体生长发育的物质基础。缺乏蛋白质会导致发育迟缓，骨骼和肌肉也会萎缩。钙质则是制造骨骼的原料，也是生长发育的调控物质，可以促进生长并增加骨头密度。锌与生长素合成及活性密切相关，是婴儿发育不能缺少的营养素，婴儿发育期间摄取足够的锌，可以减少腹泻的发生。如果锌的摄取不足，会导致发育不良，生长缓慢。铁质和维生素 D、维生素 C 对生长发育也很重要。

3. 运　动

根据研究发现，生长板受到过度的压迫会造成生长迟缓，但是适度且间断性的压缩或伸展生长板，却可以刺激它生长。所以想要长高的儿童及青少年，要做一些弹跳性的运动，如跳绳、打篮球等。但是过度的重量训练如体操、举重反而会妨碍生长，所以最好避免。

4. 激素分泌

激素对于生长发育起着调节作用。生长取决于内分泌腺的协同作用，是在内分泌腺及骨骼系统的相互作用下完成的。与人的身高关系密切的激素主要有生长激素、甲状腺激素、性腺激素、胰岛素、皮质激素等，对生长具有重要影响；甲状旁腺素、维生素 D 以及降钙素能影响骨骼发育及骨化；促性腺激素、性激素则与骨骼成熟及青春期生长增速有关。

5. 睡　眠

良好的睡眠是身体和智力发育的重要保证，一方面，睡觉可使大脑神经、肌肉等得以松弛，解除肌体疲劳；另一方面，孩子睡着后，体内生长激素开始大量分泌。人体生长激素的分泌一天 24 h 内是不平衡的，睡眠时其分泌量高于清醒时。80%的生长激素在人睡眠时分泌，特别是处于快速生长期的孩子，所以有"人在睡中长"的说法。夜间生长激素的分泌也是不平衡的，生长激素在前半夜分泌比较多，这时是"睡眠黄金期"，而到了后半夜，分泌相对要少些。

生长激素分泌受睡眠质量影响。生长激素在入睡初期的深度睡眠时分泌最多，血液中生长激素的浓度达到最高峰。如果睡眠受到干扰，睡眠质量不高，生长激素的分泌就会减少，身高的增长也有可能受到影响。所以想要长高，千万不要熬夜而牺牲睡眠时间，尽可能在晚上 11 点前上床休息。

6. 疾　病

先天性心脏、肾脏、肺及肝等疾病、骨骼疾病、内分泌及代谢疾病、染色体异常如特纳氏症候群（Turnur syndrome）等均会影响正常的生长发育。

7. 心理因素

过大的心理压力会造成人体的内分泌功能失调，使生长激素分泌不足，生长因此受到限制。另外，心理压力太大也会使胃肠道功能失常，食欲降低、吸收能力也变差，导致营养不良，想长高就很困难。

三、长得又高又壮的秘诀

人的生长发育可持续到 25 岁，女性初潮后仍有旺盛的生长过程。世界卫生组织一项引人注目的报告指出，人体的生长速度在一年中并不相同，长得最快的是在 5 月份，其次是 6～10 月份。因此，国内外有关专家建议在这"神秘的 5～10 月"里，应该适当增加营养，加强运动，以利于身体的生长发育达到最佳状态。

那么，为何人体在 5～10 月长得最快呢？专家研究发现，进入 5～10 月份后，大地回春，万物萌生，莺歌燕舞，一派生机。这时的温度适合人体生长有关的酶的活性，体内生长激素合成分泌增多，生长发育加快，人体内各器官和细胞的功能十分活跃，尤其是在经历了漫长的冬季后，人们都喜欢到户外活动，从而加快生长速度。

由于在 5～10 月里生长速度加快，要消耗更多的营养物质，所以要及时补充各种营养，以促进人体生长发育和增强抗病能力。应注意以下几点：

（一）促进人体生长发育及长高食品

1. 蛋白质

蛋白质是构成及修补肌肉、骨骼及各部位组织的基本物质，骨细胞的增生和肌肉、脏器的发育都离不开蛋白质。人体生长发育越快，则越需要补充蛋白质，鱼、虾、瘦肉、禽蛋、花生、豆制品中都富含优质蛋白质，应注意多补充。

2. 维生素

维生素是维持生命的要素，其中最重要的是维生素 A、D、C，是人体生长发育必不可少的。维生素 D 是一个令骨头强健的营养素，维生素 D 缺乏时，会造成骨矿化不足，维生素 A 缺乏会使骨变短变厚，维生素 C 缺乏会使骨细胞间质形成缺陷而变脆，影响骨的生长。动物肝、肾、鸡蛋特别是蔬菜中含有多种维生素。

3. 矿物质

骨的形成需要足够量的钙、磷及微量的锌和铁。钙、磷是骨骼的主要成分，钙也是生长发育的调控物质，可以促进生长并增加骨头密度。所以每天喝两杯牛奶，是累积骨本的好方法。

矿物质锌与生长素合成及活性密切相关，婴儿发育期间摄取足够的锌，可以减少腹泻的发生。否则，会导致发育不良，生长缓慢。富含锌的食物有肉类、肝脏、海鲜（特别是牡蛎）、蛋及小麦胚芽等。

铁质对生长发育也很重要，女性在 4 岁以上普遍有缺铁情形，男性则是青春期和 65 岁以上老人的缺铁率较高。所以成长中的孩子应该吃些瘦肉、动物肝脏、蛋黄或是深绿色蔬菜来摄取足够的铁质。

4. 特殊氨基酸

人体补充足够的赖氨酸可以刺激脑垂体增加生长激素的分泌，加强骨细胞制造分泌活性因子如 ALP（骨碱性磷酸酶）、IGF-1（胰岛素样生长因子）、TGF-b（转移生长因子）、OC（osteocalcin,骨钙素）、NO（nitricoxide 一氧化氮）等。赖氨酸可以刺激胃蛋白酶与胃酸的分泌，增进食欲、促进幼儿生长与发育。服用谷氨酰胺体内生长素的分泌再现瞬时性增长，促进身体增高。口服精氨酸能明显促进小孩垂体释放生长激素，有效减低生长激素抑制素（Somatostatin）的分泌，从而提高生长激素 GH 的浓度。

在 5~10 月，由于生长发育较快，当营养供应不足时，容易发生软骨病和贫血。青少年应适当地多吃一些鸡蛋，因为鸡蛋含有人体必需的蛋白质、脂肪、糖类、维生素和无机盐等营养物，容易被人体消化吸收。鸡蛋黄中含有大量的钙、磷、铁和维生素 D 等可促使骨质钙化，所以，鸡蛋是促进健康成长的最佳滋养食品。

（二）保证充足的睡眠

常言说：人在睡中长。睡眠不仅可消除疲劳，而且在人体入睡后，生长激素分泌比平时旺盛，并且持续时间较长，有利于长高。因此要养成规律的生活习惯，睡眠要充足、定时，最好睡硬板床，枕头宜低于 5 cm。

（三）参加体育锻炼

体育运动可加强机体新陈代谢，加速血液循环，促进生长激素分泌，加快骨组织生长，有益于人体长高。身体充分地运动后，食欲增加、晚上睡眠好，促进生长素的分泌。

那么应该怎样进行的运动呢？一般来说，能够增进食欲、促进睡眠、给予骨骼一定程度纵向压力的运动对长高都有益。让孩子选择自己喜欢的运动，因为情绪的安定对长高也很重要，但是过度消耗体力的激烈运动，过强的压力（举重等）反而让骨骼难以纵向生长。具体地说，慢跑、跳绳、跳舞、打篮球以及打排球等都是有利于长高的运动。

（四）避免让孩子发胖或节食减肥

肥胖的孩子因为摄取过多脂肪及糖分，造成骨龄的进展比实际年龄快，虽然一开始身高突出，但是因为生长期缩短，未来不能长得高。

不让孩子发胖，要限制他们吃高热量食物如汉堡、炸薯条等，饮食有度，少喝含糖饮料，配合规律的运动。也不要过分节食减肥，否则营养不良，错失长高、发育的机会，影响成年后的健康。

（五）为孩子营造一个良好的生活环境

人的心理影响大脑皮质向下丘脑传播神经冲动，影响垂体分泌生长激素，因而影响人的生长。进行丰富文娱生活，保持身心健康，情绪稳定，无忧无愁有利生长发育。如果父母离异，儿童与监护人之间关系不正常，常受虐待，其生长速度会减慢，身体矮小又会加重儿童的自卑心理，形成恶性循环。

（六）积极防治慢性疾病

儿童长期慢性疾病如慢性肝炎、慢性肾炎、哮喘、心脏病、贫血等均影响其生长发育。骨骼的遗传疾病如软骨发育不良等也使骨生长受限。对儿童及青少年期的慢性疾病应当积极治疗。

第二节　抗衰老功能食品

人的衰老犹如春夏秋冬、花开花谢一样，是一种自然现象，人虽然做不到永生，但是我们能追求健康长寿。人们一直在用科学的手段寻找各种可行的方式延续生命。但是我们离理论的寿命长度——120岁似乎还是很远。

一、人类寿命极限

法国著名的生物学家巴丰指出，哺乳动物的寿命为生长期的 5 ~ 7 倍，通常称之为巴丰寿命系数。各种动物的最高寿限都相当稳定，鼠类最高寿限约为 3 年，猴约为 28 年，犬约为 34 年，大象约为 62 年，人的生长期为 20 ~ 25 年，因此预计人的自然寿命为 100 ~ 175 年。

研究表明，人类从胚胎到成人、死亡，其成纤维细胞可进行 50 次左右的有丝分裂，每次细胞周期约为 2.4 年，推算人类的自然寿命应为 120 岁左右。虽然不同学者解答的方式各不相同，但是结论基本一致：人的自然寿命为 120 岁左右。

平均寿命受环境影响很大，同时也是可以通过现代生物技术进行改变的。长期从事人体衰老机制研究的美国南加利福尼亚大学生物医学家瓦尔特·隆哥教授在世界著名学术期刊《细胞》杂志中指出，把酵母细胞中的两个核心基因 Sir2 和 SCH9 去掉，酵母菌寿命延长了 6 倍！Sir2 基因通过抑制整段的基因组来控制寿命长短；SCH9 基因专门向细胞通告现在食物是否充足。如果生物体内缺乏这两种基因，细胞就会"认为"储备的食物即将耗尽，应该将主要的"精力"放在延续生命上，而不是继续生长和繁殖。通过抑制这两种基因的工作，研究人员成功地将酵母菌的寿命由自然状态下的 1 个星期延长到了 6 个星期，创造了延长生物生命的最高纪录。

科学家们已开始在老鼠身上进行此类试验。试验鼠在去除这两种关键基因后，寿命明显延长。如果按人类的平均寿命 70 岁来算，一旦可以将生命延长 6 倍，那么人类岂不是可以活到 400 多岁？

尽管这是一个难解的命题，但科学家对于人类寿命延长的研究具有很大兴趣。随着科学的发展，利用干细胞、基因疗法和其他技术对身体定期进行维护，那么死亡会被无限期推迟。

二、器官衰老的顺序

同一物种不同个体，即使同一个体不同的组织或器官其衰老速度也不相同。人从出生到16岁之前，各组织器官功能增长快。从35岁开始有的器官和组织功能开始减退，其衰老速度随年龄增加而增加。如果以30岁人的各组织器官功能为100的话，则每增一岁其功能下降为：（休息状态下）神经传导速度以0.4%下降，心排血量以0.8%下降，肾过滤速率以1.0%下降，最大呼吸能力以1.1%下降。一般，肺最容易衰老，其次是肾脏的肾小球，再就是心脏。神经、脑组织衰老速度相对慢一些。各组织器官功能随年龄增加呈线形下降，因此老年人容易患病。

三、衰老的机理

人的寿命主要通过内外两大因素实现。内因是遗传，外因是环境和生活习惯。遗传对寿命的影响在长寿者身上体现得较突出。一般来说，父母寿命长的，其子女寿命也长。美国科学家发现，大多数百岁老寿星的基因，特别是"4号染色体"有相似之处。衰老并非由单一基因决定，而是一连串"衰老基因""长寿基因"的激活和阻滞以及通过各自产物相互作用的结果。"外因"也不可忽视，通往长寿之路的关键还在于个人科学的行为方式和良好的自然环境、社会环境。如果按照健康生活方式生活，可延长寿命10年。我国有的地方人很长寿，如新疆的和田、江苏的南通、广西的巴马，说明环境很重要。DNA（特别是线粒体DNA）并不那么稳定，包括基因在内的遗传控制体系可受内外环境，特别是氧自由基等因素的损伤，会加速衰老进程。

细胞生物学、分子生物学等学科的迅速发展，推动了衰老机制的深入研究，并且已取得重大的进展，提出了若干具有科学价值的衰老学说。大体上可分为两大类：一类为遗传衰老学说，认为衰老是机体有序的基因活动，是通过基因按程序预先安排好的，为特异的"衰老"基因所表达，或为可用基因的最终耗竭；另一类为环境伤害学说，认为衰老是无序的、没有一定的程序，随机发生一系列紊乱的结果，是细胞器的进行性和累积性毁坏的结果。目前最有根据的是自由基学说（free radicle theory）、端粒学说和线粒体DNA损伤学说。其他还有遗传程序学说（genetic program theory）、染色体突变学说（chromosomal aberration theory）、免疫学说（immunological theory）、内分泌学说（endocrine theory）、衰老基因学说等。这些学说从不同学科角度对衰老机制进行了较为深入说明，对弄清衰老的本质将起到积极的作用。

（一）自由基学说

自由基又叫游离基，是具有未配对电子的分子、离子、原子和原子团（即外层不配对电子，很不稳定）如氧自由基。人体消化食物时，利用吸入的氧气，将其在线粒体内氧化，产生能量，同时也产生了以高能氧气分子形式存在的废物——自由基。

自由基在机体内有很强的氧化反应能力，氧化DNA，引起突变，氧化蛋白质，抑制DNA聚合酶活性，影响细胞增殖，并导致细胞形态与功能发生一系列退行性变化，包括蛋白质合成速度下降、错误率上升；进而引起基因表达异常，染色质转录活性下降，活性基因减少，染色质对DNA酶Ⅰ消化敏感性下降。这些不正常的DNA与蛋白质必然会影响细胞的正常生长调控和自身稳态平衡，从而引起细胞衰老。

自由基氧化脂质，产生过氧化脂类，从而破坏生物膜的结构和功能。溶酶体膜受到破坏会释放出酶来损害细胞甚至导致细胞自溶，粗面内质网破坏，核糖体无法附着，直接影响到蛋白质的合成，线粒体膜的破坏，有氧呼吸和能量供给会发生障碍，细胞中脂质过氧化物与色素结合不被消化而成脂褐素，存留堆积于细胞影响正常功能。一些抗氧化剂，如维生素 E、SOD，能清除过氧化脂质而延缓衰老。随着年龄的增长细胞内的氧自由基增多，细胞清除氧自由基的能力下降，于是造成各种损伤积累，引起衰老。

自由基会对人体组织和细胞结构造成损害，我们把这种损害称为氧化应激。大部分与老化有关的健康问题，如皱纹、心脏病和阿尔兹海默症，都与体内氧化应激过大有关。

营养与氧化应激间存在着双重关系。一方面，营养素在体内代谢过程中可以产生活性氧及中间产物自由基；过渡金属微量元素，如铁离子、铜离子可促进活性氧生成。另一方面，平衡膳食、合理营养可增强机体的抗氧化防御功能；某些营养素和食物成分能直接或间接地发挥抗氧化作用。

基础代谢、抗氧化剂与动物物种的寿限相关。物种比较发现：哺乳动物的基础代谢率（SMR）与最高寿限（MLSP）之间存在一种关系，MLSP（年）高的，其基础代谢率低；反之，MLSP 低的，则基础代谢率高。SMR 与 MLSP 的乘积近于常数，也提示机体的氧利用情况与衰老相关。据文献资料分析，哺乳动物的最高寿限与血浆某些抗氧化化合物的浓度相关，认为某些抗氧化物可能是 MLSP 的决定因子。

1. 含微量元素的抗氧化酶类

超氧化物歧化酶（SOD）催化歧化反应，在体内有含铜锌的 CuZn-SOD 和含锰的 Mn-SOD。CuZn-SOD 中 Cu 参与酶分子的活性中心结构，并在催化反应中传递电子；Zn 则不参与催化作用，但对活性中心有支持稳定作用。CuZn-SOD 主要分布于细胞液，细胞器中极少存在。Mn-SOD 主要分布于线粒体基质中，是主要的抗氧化酶。

两种 SOD 所催化的反应相同，催化反应速度常数接近。人体各种组织器官的 CuZn-SOD 含量相差较大，以肝与大脑灰质的含量最高。这种差异可能与该组织的耗氧量有关。

过氧化氢酶、过氧化物酶是含铁的酶，在体内，它们能不断清除处理体内生成的过氧化氢（H_2O_2）和过氧化物，阻止它们进一步产生氧化性质更强的羟基自由基（·OH）。

过氧化氢酶（CAT）也称触酶，含有铁卟啉辅基。它的作用是分解 H_2O_2 成为水与氧。此酶主要分布在细胞的过氧化物体内，过氧化物体内有产生 H_2O_2 的代谢反应，如黄素蛋白脱氢酶催化的反应。线粒体、内质网等仅有少量 CAT，因此产生的 H_2O_2 必须由其他过氧化物酶处理。人体各组织的 CAT 活性差别很大。

人体内具有含硒与不含硒的谷胱甘肽过氧化物酶（GPx），人体的肝脏非硒 GPx 活力占总活力的 84%，含硒谷胱甘肽过氧化物酶（SeGPx）有四种，即 SeGPx-1，SeGPx-2，SeGPx-3 及 SeGPx-4。人体内该酶的活性以肝、肾及脾最高。SeGPx 由 4 个亚基组成，每个亚基含有 1 个硒原子，以硒代半胱氨酸残基形式存在于蛋白质肽链中，硒半胱氨酸的硒醇是酶的活性中心，催化作用时发生氧化还原的反复循环。各种抗氧化酶与各种抗氧化的营养素之间存在相互补充、相互依赖的协调平衡关系。例如，由 SOD（超氧化物歧化酶）催化反应生成的过氧化氢，过氧化氢酶对其分解，并有铜蓝蛋白催化亚铁氧化，从而减少过渡金属产生自由基，引发自由基损伤；细胞内有脂溶性抗氧化剂维生素 E 与作用于膜脂质的 PHGPx（磷脂酰谷胱甘肽过氧化物酶），同时有水溶性的维生素 C 和 SeGPx（含硒谷胱甘肽过氧化物酶），维生素 C 和维生素 E 能互相偶联，虽然 SeGPx 只能催化游离的脂氢过氧化物分解，PHGPx 则能催化膜上的脂氢过氧化物分解；动物实验发现，Mn 缺乏的鸡，组织中的 Mn-SOD 活力降低，CuZn-SOD 活力则升高。此外，磷脂酶 A2 能水解磷脂中的过氧化脂质，糖苷酶能识别与切下脱氧核糖核酸双螺旋中的被氧化的碱基等，这既是一种防御的补充，又是一种修复功能。

抗氧化剂或酶之间互有联系，如维生素 C 与维生素 E 在清除自由基过程中互相支持；当它们自身被氧化后，要恢复还原状态，需有其他还原剂，并有催化还原反应酶参与；又如，GSH（还原型谷胱甘肽）是细胞内主要的、直接的还原剂，它也是 GPx（谷胱甘肽过氧化物酶）催化过氧化物还原的必需底物，故细胞内 GSH 的浓度通常为氧化型谷胱甘肽的 10 倍左右。维持 GSH 的高水平则有赖于谷胱甘肽还原酶催化的辅酶（NADPH）的氧化反应，而充足的 NADPH 又依赖葡萄糖代谢的磷酸戊糖途径，谷胱甘肽的合成还必须有充足的含硫氨基酸与合成酶的参与等。此外，抗氧化成员间互相代偿，如动物缺硒时，SeGPx 活力降低，其同工酶——谷胱甘肽硫转移酶的活力则升高。

2. 氧化应激与人体衰老

氧化应激的产生既有内部也有外部的。外因包括接触环境污染、石化制品或重金属；内因包括慢性或急性感染，体重超重，血糖调节方面的问题。

氧化应激还与生活方式有关，如吸烟、喝酒、运动过度、日晒（紫外线辐射）过多、服用药物以及进食过量。实验表明，控制老鼠热量摄入（不控制营养物质），其寿命比通常饮食的老鼠增长了 40%，而且它们的生活质量也更好，它们没有患上"老化病"，如关节炎、糖尿病、痴呆症和癌症。它们看上去毛发浓密，两眼发亮。

人类也有类似的证据。8 名男女在亚利桑那州沙漠与世隔绝的环境中，自给自足地生活了两年。男性体重减轻了大约 18%，女性减轻了 10%。而且，各项身体指标（脂肪、血压、运动能力、氧气消耗量、血糖水平、胆固醇水平、皮质醇水平、白细胞数量等）都比他们刚来这个环境的时候要健康得多。其原因是，他们食物有限，饮食热量很少，消耗了较少的能量，因此所要承受的氧化应激水平较低。

此外，营养的缺乏也会导致氧化应激。如果硒、维生素 E、维生素 A 或其他抗氧化剂不足，就无法维护抗氧化系统正常工作。从而导致氧化应激。

氧化应激和炎症是紧密相连的。烟具有极高的氧化能力。当吸入氧化过的烟草时，肺部组织就会出现损伤，很快引发炎症。因此，烟民大多患有支气管炎。

氧化应激破坏强氧化剂和抗氧化剂的平衡，导致潜在伤害。氧化应激的指示剂包括损伤的 DNA 碱基、蛋白质氧化产物、脂质过氧化产物。氧化应激，过度的 ROS 活性状态，与血管疾病状态（如高血压、动脉粥样硬化）有关，反应性氧化物（reactive oxidative species, ROS）是血管细胞增长的重要细胞内信号。神经退行性病变中 ROS 增加；在冠状动脉疾病状态 ROS 由于血管细胞外超氧化物歧化酶减少而加剧，而超氧化物歧化酶在正常情况下是对抗超氧化物阴离子的重要保护性酶；ROS 在肺纤维化、癫痫、高血压、动脉粥样硬化、帕金森病、猝死中均扮演重要角色。

（二）端粒学说

端粒是染色体末端的特殊结构，由富含 G（鸟嘌呤苷酸）的简单重复序列组成，可由自带引物的逆转录酶催化合成。当它缺失时，会使染色体不稳定，易被核酸酶所降解。

近年来，引起生物学家极大兴趣的是人体成纤维细胞染色体在复制过程中的极限现象（Hayflick 细胞分裂极限，一般低于 50～60 次）和染色体端粒由于复制不完全而不断地缩短的现象。端粒（telomere）与衰老密切相关，染色体 DNA 每复制一次，端粒就缩短一截，人体成纤维细胞端粒每年缩短十几个碱基，人体外周血白细胞端区长度随增龄变化，其长度平均每年减少约 35 bp（碱基对）。当染色体端粒短到一定长度时，细胞的繁殖就不能继续进行，细胞分裂次数便达到了极限，进而导致细胞和整个生物体的死亡。有些学者认为端粒就是生命时钟。同时，其他研究也发现，有些肿瘤细胞在繁殖过程中由于端粒酶的作用，端粒不缩短，因此肿瘤细胞的繁殖永无休止，不仅能解释细胞繁殖终止的原因，而且连同肿瘤细胞的永生原理也随之迎刃而解了。

（三）线粒体 DNA 损伤学说

线粒体 DNA 损伤是近年来国际上研究衰老机制的热点，有学者认为它是细胞衰老与死亡的分子基础。从细胞生物学角度讲，线粒体是细胞进行氧化磷酸化产生能量的主要场所（95%），是细胞的 "动力工厂"，在线粒体内发生氧化作用，产生高能分子三磷酸腺苷（ATP），供细胞生命的需要（其中包括转化为生物电）；线粒体 DNA 损伤时，能量（ATP）产生减少，影响细胞的能量供给，导致细胞、组织、器官功能的衰退；同时线粒体也是机体产生氧自由基的主要场所。因此认为，线粒体的变性、渗漏和破裂都是细胞衰老的重要原因。延缓线粒体的破坏过程，可能是延长细胞寿命，进而延长机体的寿命的关键。

（四）体细胞突变学说

体细胞在紫外线、X 射线、毒素、各种致突变物等因素的作用下发生 DNA 断裂，染色体畸变，基因突变。估计一生中约 10% DNA 发生突变，若损伤得不到修复，那么进一步复制就会产生差错，导致蛋白合成受阻或合成无功能蛋白质，必然影响细胞各方面的功能，所以细胞功能随年龄增加而下降（突变积累）。

（五）遗传程序假说

遗传程序假说认为不同种属的生物之所以有不同的寿命，是因为它们的出生、发育、成熟、衰老和死亡都是由遗传基因决定的。一个人的寿限，有一种预先计划好的信号，由亲代的生殖细胞精子和卵子带到子代，这种信号称 "寿命基因" 或 "衰老基因"。它存在于细胞核染色体的脱氧核糖核酸的序列中。实验室培养的人体细胞，一般分裂 50 次左右不再分裂，与这种基因作用密切相关。

（六）内分泌功能减退学说

内分泌能通过内分泌腺分泌的激素调节人体生长、发育、成熟、衰老、死亡的过程。有人提出，垂体定期释放 "衰老激素"，该激素可使细胞利用甲状腺素的能力降低，从而影响细胞的代谢力，是衰老和死亡的原因。人类在衰老时以性激素分泌水平降低最为明显，如男子的睾酮、女子的雌激素明显下降。除此之外，其他内分泌腺，如胰岛细胞的分泌功能也明显下降，受体组织细胞膜对胰岛素的接受能力也同时下降，所以老年人易患糖尿病。

（七）衰老基因学说

衰老并非由单一基因所决定，而是一连串基因激活和阻抑，并通过各自产物相互作用的结果。经过遗传学家几十年的辛勤探索，现已确定的与衰老和长寿有关的基因已达 10 多种，如：AGE21、RAS2P、LAG21、LAC21、DAF22、DAF216、DAF223、CLK21、SPE226、GRO21等。这些基因或与抗氧化酶类的表达有关，或与抗紧张、抗紫外线伤害有关，有的与增加某种受体的表达有联系，也有的与哺乳动物精子的产生相关。许多"衰老基因"到底起什么作用，目前还不是很清楚。有人认为，这种基因编码的蛋白质可抑制 DNA 和蛋白质的合成。衰老基因在表达前被阻遏基因表达产物所抑制，阻遏基因是多拷贝的，随着分裂次数增加不断丢失，其产物也越来越少，浓度抑制不了衰老基因的表达时，衰老基因的表达产物就会抑制DNA，蛋白质的合成，造成细胞的衰老死亡。

上述有关衰老的几个学说从不同角度论述了衰老的原因，但还有待于深入研究。

四、中医衰老的机理

衰老，即表现出一派虚像。譬如，中老年人常说的感到力不从心、头晕、耳鸣、耳聋、眼花、善忘以及鬓发变白、齿坠发落等，多为肾气虚的临床表现。衰老是人生命过程中的正常现象，但可以通过科学的养生和预防保健来延缓。

中医认为，肾气与脾气的盛衰决定着机体的盛衰，肾气的虚衰是衰老发生的基础。肾为先天之本，一身真阴真阳之所在。肾气通于脑，脑为髓之海，髓海不足则出现头晕耳鸣。肾气为肾精所化，是全身功能的总动力。由于肾气的衰退而致五脏六腑功能的减退，气血失常，阴阳失调，诸病随之而生。肾气衰，逐渐影响肝、心、脾、肺，致五脏皆衰。脾为后天之本，先天之本要靠后天之本的不断支持。又因脾气之健运须借助于肾阳的温煦作用，即所谓脾阳本于肾阳，二者相辅相成。肾气的盛衰，除了与先天禀赋有关外，主要是靠后天之精的补充，而后天之精的补充正是靠后天脾胃之气的化生。脾属土，居中州，能化生精微，是气血生化之源，脏腑经络之根，是机体赖以生存的主要脏器，故称之为后天之本。因此说，肾气与脾气的盛衰决定着机体的盛衰。

导致肾气虚衰的原因主要有三：一是先天不足，可致未老先衰；二是耗损过甚，肾精过早空虚；三是后天所化生之精不能及时足够的补充。

总之，机体的衰老首先是肾气的虚衰，加上脾胃后天之本不能化生精微，进行及时足够的补充，导致肾不藏精，精不化气，气不帅血，血不营气，而致气血失常，阴阳失调，脏腑功能减退，即一派衰退现象的发生。

五、延缓衰老的对策

人的衰老是逐步发生的，只有早期开始科学的养生，才不至于过早过多地耗损精、气、神，造成未老先衰。科学的养生主要包括以下几方面：

1. 补 肾

著名老中医岳美中认为："人之衰老，肾脏先枯，累及诸脏。"说明补肾的重要性。及时有效地补肾，调补人体的阴阳、气血、脏腑功能，排出毒素、纠正肾虚是延缓衰老，预防老年病的关键所在。专家认为防老宜从 30 岁开始，抗老宜从 40 岁开始，延龄宜从 60 岁开始。

2. 起居有常，劳逸适当

起居有常是指平日生活要有规律，按时作息。劳逸适当是指既要积极完成所担负的本职工作，又要适当休息，使身体保持轻松愉快，也包括要进行适度的体育锻炼，还要防止过度的安逸，尤其要防止过度的疲劳，包括体力、脑力劳动等生理活动的过度。否则，会代谢加快，产生过多的自由基，促进衰老。

3. 饮食有节，五谷为养

饮食有节是指在平日生活中，既要防止饥饱失常，又要防止饮食所偏，还要防止饮食不洁，注意饮食卫生，把住病从口入一关。五谷为养是指进食要多样化，防止偏食，尤其要防止食盐和动物脂肪的过多摄入。

4. 保护皮肤，防止面容老化

随着年龄的增长，皮肤逐渐老化，临床征象为：皮肤干燥、粗糙、出现皱纹，松弛、萎缩、毛细血管扩张，同时还有皮肤色素聚集的变化。皮肤衰老使人面容显老，面容老化的机制和整个机体衰老一样，还未完全明了，据研究，遗传和日光曝晒是导致皮肤衰老最重要的两个因素。遗传因素导致细胞程序性老化，而日光中紫外线可使皮肤弹力纤维变性，染色体基因改变。

血液中含有毒物质时，皮肤就成了其抛弃废物的地方，面部暗疮正是由于血液中过量的酸性物质及饱和脂肪而形成的；经常便秘的人，肤色枯黄，也是因为粪便在肠中停留时间过长，毒性物质通过肠壁吸收进入血液排泄于皮肤所致。吸烟过多的人脸色犹如死灰，也是上述原因造成的。食物纤维能刺激肠的蠕动，使废弃物能及时排出体外，减少毒素对肠壁的毒害作用，因而可以保护皮肤，使面容年轻。

为了延缓皮肤衰老和去皱，多采用药物及生物活性物质对皮肤细胞生物活性进行调控。对于二、三度皮肤损伤，由于皮肤组织已发生了不可逆损伤，而且筋膜、肌肉和骨膜松弛，脂肪减少，皮肤下垂，可以通过冷冻治疗、皮肤磨削、化学剥脱、皮肤下胶原注射、脂肪注射和种植体植入、面部皮肤上提术等。

胶原注射疗法是将胶原注射在真皮内，其主要目的是在面部皮肤出现早期衰老迹象时，注射胶原可作为一个暂时性的皮内充填物。能使皮肤获得暂时性消除皱纹的效果，一般 3~6 个月后，注射的胶原将完全被吸收。手术除皱是目前治疗皮肤衰老最好的方法。

5. 避免情志过用，保持气之调顺

《内经》云："百病生于气。"说明"气"致病的广泛性。有很多资料提示，凡高年长寿之人均具备性格开朗、情绪乐观稳定的共同点。避免情志过用，保持人身气的调顺，对于防病延年有重要意义。

6. 吃饭不能过饱

每天的热量和饱和脂肪的摄入要控制，在满足基本营养需要的前提下少吃，以吃八分饱为宜。吃多了会加强食物代谢，产生过多的自由基和其他代谢废物，增加身体负担，促进衰老。

（美国专家研究表明，酵母细胞 *Sir2* 基因通过抑制整段的基因组来控制寿命长短；*SCH9*

基因专门向细胞通告现在食物是否充足。如果生物体内缺乏这两种基因，细胞就会"认为"储备的食物即将耗尽，应该将主要的"精力"放在延续生命上，而不是继续生长和繁殖。通过去掉这两种基因，研究人员成功地将酵母菌的寿命由自然状态下的 1 个星期延长到了 6 个星期。说明饮食不足可以使细胞"认为"食物即将耗尽，应该将主要的"精力"放在延续生命上，从而延长寿命。这一研究结果为人通过节食抗衰老提供分子生物学借鉴。

六、抗衰老功能食品

补充抗氧化性物质。抗氧化物质能还原自由基，防止细胞衰老。

1. 维生素 C
维生素 C 具有一定的还原性，对增加细胞活力，有防止黑斑、雀斑，皱纹形成的功效。

2. 维生素 E
维生素 E 具有还原性，有很强的抗氧化作用，可防止脂肪、维生素 A、硒（Se）、两种含硫氨基酸和维生素 C 的氧化。直接帮助肌肤对抗自由基、紫外线和污染物的侵害，消除脂褐素在细胞中的沉积，令肌肤滋润有弹性，保持青春的容姿，减慢组织细胞的衰老过程，预防癌症和肌肤老化。近年来，维生素 E 广泛用于抗衰老。体外（in vitro）研究表明，作为脂溶性维生素的维生素 E 具有抑制氧化 LDL 生成，对预防心脑血管疾病可能有效。

3. 多 酚
多酚具有抗氧化作用，能够抑制 LDL 的氧化，能预防以动脉硬化为主的心血管病。除红葡萄酒外，蔬菜、茶叶、豆制品以及巧克力等食品中也含有较多的多酚。

4. 超氧化物歧化酶（SOD）
在氢离子与超氧化物发生反应生成过氧化氢和氧的过程中，SOD 充当催化酶作用。人类线粒体中存在着含锰（Mn）的 SOD（Mn-SOD），细胞质则为含铜（Cu）、含锌（Zn）的 SOD。目前还认为，SOD 尚有存在于细胞外的其他 3 种类型。线粒体虽可代谢掉细胞中氧的 95% 以上，但因该处缺少组蛋白，故超氧化物等引起的氧化应激比较弱，而 Mn-SOD 将在此类防御机制中发挥重要作用。有报道帕金森病患者 Mn-SOD 基因呈现多样性，而 Mn-SOD 活性降低则可见于先天性肌营养不良等遗传病。目前发现，在同样是属于变性疾病的糖尿病患者，其白细胞亦出现了 Mn-SOD 活性低下。

Mn-SOD 与 Cn-SOD、Zn-SOD 不同，前者在面对应激时将表达增强，只是，在人类随着年龄的增加，此作用消失，故认为 Mn-SOD 亦与老化有关。

5. 虾青素
虾青素（Astaxanthin，在日本和中国港澳地区也称虾红素）是 1938 年从龙虾中首次被分离出来的一种超强的天然胞外抗氧化剂。

2008 年荷兰莱顿大学的科学家弗朗西斯科·布达（Francesco Buda）教授和他的实验小组成员，通过精确的量子计算手段发现熟透的虾、蟹等的天然红色物质就是虾青素。其清除自由基、抗氧化活性的能力是维生素 E 的 1000 倍。不久的将来，虾青素将广泛应用于 2 型糖尿病、高血压、高血脂、乙肝、癌症肿瘤、痛风等氧化应激类疾病的治疗。

6. 氨基酸

（1）氨基酸与衰老的关系

蛋白质在人体的变化归纳起来有两个方面：一是合成组织蛋白质及各种活性物质；二是组织蛋白质的分解、产生能量和废物。对于生长发育期的婴儿及青少年合成大于分解，因而身体逐渐成长；对于一般成年人是合成等于分解，对于老年人来说，蛋白质合成逐渐缓慢，蛋白质以分解代谢为主，身体内的蛋白质逐渐被消耗，往往呈负氮平衡。如血红蛋白质合成减少，因此老年人容易患贫血；由于小肠功能衰退，消化酶的活性下降，蛋白质分解、吸收不充分，因肾功能低下而影响氨基酸再吸收，老年人体内肽类增多，游离氨基酸减少。老年人因肝功能下降，对肽的利用也减少。老年人由于氨基酸的吸收或利用降低而影响到免疫功能，患感染、癌症、免疫复合病，易致衰老病死。因此，老年人比青壮年需要蛋白质数量多，对蛋氨酸、赖氨酸的需求量也高于青壮年，而且要求蛋白质所含必需氨基酸种类齐全且配比适当。近年研究表明，老年人与中青年人给予相同营养条件，但老年人血浆氨基酸（缬、亮、酪、赖、蛋、丝、丙氨酸）含量减低，特别支链氨基酸（缬、亮、异亮氨酸）不足。有人认为，高浓度支链氨基酸有提供物质合成骨架的作用，当补给支链氨基酸时，能通过产生三磷酸腺苷（ATP）供能源，降低蛋白质分解作用，并通过促进胰岛素分泌，加强蛋白质的合成。

（2）抗衰老氨基酸

免疫的物质基础是蛋白质，人体免疫物质没有一样不是由蛋白质组成，如抗体、补体等，即使白细胞、淋巴细胞与吞噬细胞等细胞内蛋白质的含量也在 90%以上。如果人体蛋白质和氨基酸缺乏，则无论补充多少微量元素、维生素、碳水化合物等都不起作用。营养学与生物化学新的研究表明，某些非必需氨基酸虽然人体能够合成，但在严重应激的状态（包括精神紧张、焦虑、思想负担）或某些疾病的情况下容易缺乏，对人体健康产生有害的影响，这些氨基酸称为条件性必需氨基酸，如牛磺酸、精氨酸和谷氨酰胺。在正常条件下缺乏必需氨基酸会减低体液的免疫反应，例如色氨酸缺乏的大鼠，其 IgG 及 IgM 受到抑制，而当重新加入色氨酸能维持正常的抗体生成；苯丙氨酸和酪氨酸均缺乏，可以抑制大鼠的免疫细胞对肿瘤细胞做出反应；蛋氨酸与胱氨酸的缺乏，引起抗体的合成障碍。因此必需氨基酸在免疫中起着重要的作用。

当前，与抗衰老相关的热门研究的必需氨基酸有：

① 牛磺酸：人体牛磺酸的来源一是自身合成，二是从膳食中摄取。牛磺酸的生物合成由蛋氨酸经硫化作用转化成胱氨酸，再经过一系列的酶促反应合成。许多高等动物包括人已失去了合成足够牛磺酸以维持体内牛磺酸整体水平的能力，需从膳食中摄取牛磺酸以满足机体的需要。有报道，牛磺酸在中枢神经系统衰老中有重要的作用；老年期神经系统退行性变化是全身各系统最复杂、最深奥的过程之一，中枢神经系统衰老在形态上或生化水平上都有明显的改变，单胺类和氨基酸类神经递质的合成、释放、重吸收及运输机制方面出现增年龄性变化。脂褐质是衰老过程中具有特征性物质，衰老时，组织中脂褐质含量明显增高，而牛磺酸可使其下降、且使超氧化物歧化酶（SOD）活性增加，并且能抑制脂质过氧化产物丙二醛（MDA）对低密度脂质蛋白（LDL）的修饰。同时牛磺酸与葡萄糖的反应产物表现出较强抗氧化作用，能够阻止蛋黄卵磷脂氧化成脂质过氧化物，因而有显著抗衰老的作用。

②精氨酸：精氨酸虽然不是必需氨基酸，但在严重应激情况下（如发生疾病或受伤），或当缺乏精氨酸，不能维持氮平衡时，它又是条件性必需氨基酸。最新理论指出，精氨酸是一氧化氮（NO）与瓜氨酸反应的酶系统代谢途径中的必要物质，NO或内皮细胞衍生的松弛因子的主要生化作用是刺激机体提高吞噬细胞中环鸟苷酸的水平，并能刺激白介素的产生来调节巨噬细胞吞噬细菌作用。在血管的内皮细胞、脑组织与肝脏的枯否（kupffer）细胞中发现与精氨酸有关的NO酶系统，它能导致这些器官与组织的激素分泌、从而起免疫作用。

③谷氨酰胺：在正常情况下，谷氨酰胺是一非必需氨基酸，但在剧烈运动、受伤、感染等应激情况下，谷氨酰胺的需要量大大超过了机体合成谷氨酰胺的能力，使体内的谷氨酰胺含量降低，而这一降低，便会使蛋白质合成减少，小肠黏膜萎缩及免疫功能低下，因此它又称条件性必需氨基酸。最近发现肠道是人体中最大的免疫器官，也是人体的第三种屏障。前两种屏障是血脑屏障和胎盘屏障。如果肠内没有营养供应，肠道就会营养不良，使肠道的免疫功能减弱，发生细菌相互移位。动物试验证明，若动物用无谷氨酰胺的全静脉输液，则动物小肠的绒毛发生萎缩，肠壁变薄，肠免疫功能降低。在静脉输液中提供2%的谷氨酰酶（约占氨基酸总量的25%）对恢复肠绒毛萎缩与免疫功能有显著作用。谷氨酰胺在维持肠黏膜功能、提高免疫能力有一定作用。

（3）老年人如何科学补充氨基酸

老年人随年龄增长，机体蛋白质总量下降，一位健康老人蛋白质总量为青壮年的60%~70%。这可能与骨骼肌的减少有关，但不能由此认为老年人蛋白质需要减少。老年人体内以分解代谢为主，胃液及胃蛋白酶分泌减少、胃液酸度下降、对蛋白质消化吸收下降，此外热能摄入低、饮食氮存留下降，所以老人蛋白质需要不比成年人的少。一般在正常膳食时，每千克体重蛋白质摄入0.7~1.0 g可维持氮平衡，1.0~1.2 g可达平衡。据此定出每日蛋白质供给量大致为60~75 g，其中1/3为动物性蛋白质。如按蛋白质供热比考虑，以12%~14%为宜。

7. 抗衰老食物

（1）油梨

油梨是含不饱和脂肪的水果，可以帮助降低坏（低密度）的胆固醇。油梨富含维生素E，可以帮助人体防止肌肤的老化。对更年期的女性来说，油梨对燥热、出汗的症状也有所帮助。另外油梨富含钾，可以帮助减缓水肿，也可能预防高血压（钾钠平衡原理）。

（2）枸杞、黑加仑、黑葡萄

这些水果都含有很高的抗氧化物，阻止体内自由基的作用。

（3）大蒜

每天都吃一瓣大蒜，可以预防癌症和心血管疾病。大蒜可以降低胆固醇，而且有稀释血液的作用（类似于阿司匹林）。另外大蒜还有抗菌抗炎作用。

（4）姜

生姜中的辛辣成分能够抑制体内过氧化脂质的生成，其抗氧化作用甚至比维生素E还高。另外，姜也有类似于阿司匹林中水杨酸的物质，可以降血脂、血压，防止血栓。姜对消化和循环系统都有促进作用，而且姜对风湿类的疾病有帮助。"每天三片姜，不劳医生开处方"的说法是有道理的。

（5）坚果

大部分的坚果，营养丰富，含蛋白质、油脂、矿物质、维生素较高，例如核桃富含钾、镁、铁、新、铜、硒和维生素 E，对人体生长发育、增强体质、预防疾病有极好的功效。

（6）大豆

大豆中的类黄酮对女性特别好，而且大豆还有防止老年痴呆、骨质疏松和心血管疾病的作用。发酵的大豆（纳豆、豆豉）比较好消化吸收。

（7）西瓜子

西瓜子含有维生素 E、硒和锌，这些都有防止自由基侵害身体造成老化的作用。

（8）番茄

番茄中含大量维生素 C，每 100 g 番茄中含有 20～30 mg 维生素 C。维生素 C 有增强机体抵抗力、防治坏血病、抵抗感染等作用。番茄里含有的番茄红素，它是最强有力的抗氧化剂。此外，番茄中的胡萝卜素在消灭氧自由基方面也很出色。很多研究都表明，烹制过的番茄可以降低人类患前列腺癌和其他癌症的危险。

（9）花椰菜

花椰菜含有胡萝卜素、纤维素和维生素 C 以及很多植物化学因子，可以消灭癌细胞。最好稍稍炒一下，吃时多咀嚼有利于吸收。

（10）鲑鱼

这种鱼主要以吃海藻为生，而海藻可形成 ω-3 脂肪酸，对于心脏非常有益，还可以抑制与自身免疫系统相关的疾病。

（11）绿茶

茶能防止人体内胆固醇升高，有防治心肌梗死，降低患心脏病的危险的作用。绿茶内含有的茶多酚还能清除机体过量的自由基，抑制细胞衰老，抑制和杀灭病原菌，使人延年益寿。每天饮用绿茶漱口水还可以抑制口腔细菌的生长。

（12）蔓越橘

蔓越橘中所含的抗氧化剂较多，其中的花青素对心脏病和癌症的治疗很有帮助，还可以防止大肠杆菌附着在膀胱壁上，导致尿道炎。

（13）麦芽

富含多种维生素和矿物质，维生素 E 特别丰富，有助于头发的生长和健美。

（14）金枪鱼

含有大量维生素、钙和磷，有助于牙齿和骨骼的健康。

（15）海带

含较多的抗氧化物质，矿物质碘和锌，可增强体质，延缓衰老。

（16）蘑菇

蘑菇中有大量矿物质、维生素、蛋白质等营养成分，但热量很低，常吃也不会发胖。且蘑菇含有很高的植物纤维素，可防止便秘、降低血液中的胆固醇含量。蘑菇中的维生素 C 比一般水果高，可促进人体的新陈代谢。

（17）蜂蜜

蜂蜜能刺激大脑、脑垂体和肾上腺，促进组织供氧，增强细胞活力，是延缓衰老的食物之一。

（18）芝麻

芝麻含有丰富的维生素 E，能防止过氧化脂质对人体的危害，抵消或中和细胞内衰老物质"自由基"的积聚，起到延年益寿的作用。

（19）花粉

花粉内含维生素、氨基酸、天然酵素酶等，特别是所含的黄酮类物质是抗衰延年的根本成分。

（20）甲鱼

甲鱼内含二十碳五烯酸，是抵抗血管衰老的重要物质。

第三节　食品与免疫

免疫系统（immune system）是脊椎动物和人类在系统发生过程中长期适应外界环境而形成的防御系统，保护人体免于病毒、细菌等的攻击，清除新陈代谢后的废物及免疫细胞与抗原战斗后遗留的尸体，修补受损的器官和组织，使其恢复功能。免疫系统包括：形成特异免疫应答的器官、细胞和免疫活性介质（免疫效应分子）。它们的组成如下：

（1）免疫器官：中枢免疫器官（骨髓、胸腺）、外周免疫器官（脾脏、淋巴结、扁桃体）（图 5-1）。

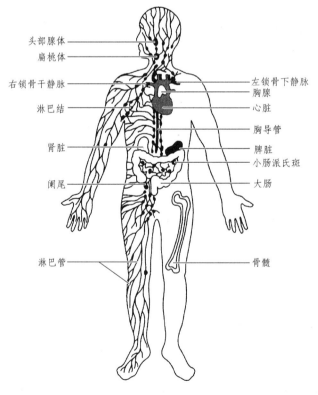

图 5-1　人体免疫系统

（2）免疫活性细胞：T淋巴细胞、B淋巴细胞、吞噬细胞等。

（3）免疫分子（抗体、细胞因子和补体等）。

人体共有三道免疫防线：

第一道防线是由皮肤和黏膜构成的，它们不仅能够阻挡病原体侵入人体，而且其分泌物（如乳酸、脂肪酸、胃酸和酶等）还有杀菌的作用。

第二道防线是体液中的杀菌物质和吞噬细胞。这两道防线是人类在进化过程中逐渐建立起来的天然防御屏障，是人生来就有，不针对某一种特定的病原体，对多种病原体都有防御作用，因此叫作非特异性免疫（又称先天性免疫）。

第三道防线主要由免疫器官（胸腺、淋巴结和脾脏等）和免疫细胞（淋巴细胞，是白细胞中的一种）组成的，是人体在出生以后逐渐建立起来的后天防御系统，只针对某一特定的病原体或异物起作用，因而叫作特异性免疫（又称后天性免疫）。

一、中枢免疫器官和功能

中枢免疫器官包括胸腺（thymus）和骨髓（类囊器官）。它们发生、发育较早，是造血干细胞增殖发育分化为T、B淋巴细胞的场所，淋巴细胞在此增殖不需要抗原的刺激；它们向外周免疫器官输送T、B细胞，决定着外周免疫器官的发育。

1. 胸腺（thymus）

胸腺（图5-2）由第Ⅲ、Ⅳ对咽囊内胚层分化而来。从胚胎第六周末，第Ⅲ、Ⅳ对咽囊腹侧部上皮细胞增厚突起，形成上皮芽，伸长成上皮管，细胞很快增殖，管腔消失成上皮索，

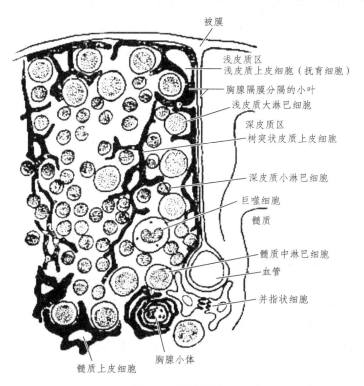

图 5-2　胸腺结构

这就是胸腺原基。胸腺原基边增大边向胸腔下部迁移，在下降中左右原基互相接近、会合，并逐渐与咽囊分离，最后定位在心包腹侧。初生儿胸腺重 10~15g，以后逐渐长大，至青春期最重，为 30~40 g，青春期以后，胸腺开始慢慢退化，步入老年，胸腺组织大部分被脂肪组织所取代，但仍残留一定的功能。

胸腺组织影响 T 淋巴细胞的分化。在胚胎早期的卵黄囊、血岛、胚胎肝脾和随后的骨髓中的前 T 细胞、T 系干细胞经血流进入胸腺，先在皮质部分迅速大量增殖，然后逐渐移向皮质深层分裂增殖成为许多小型胸腺细胞，其中绝大部分不久即死亡，仅有少数（＜5%）可在髓质继续发育成具有免疫应答能力的成熟 T 细胞。成熟 T 细胞随血液流迁移至外周免疫器官的一定区域——胸腺依赖区（thymus dependent area）定居。外周免疫器官在 T 细胞影响下，发育成熟。

胸腺的功能是通过胸腺上皮细胞产生多种胸腺肽类激素，培育出大量 T 细胞，进而分化出不同的亚群，担当特异性细胞免疫和免疫调节功能。胸腺发育不全或将胸腺早期切除，细胞免疫功能衰退甚至全部丧失。如将出生后立即切除胸腺的雌小鼠，在成年后与正常雄小鼠交配怀孕后，胎鼠胸腺正常的发育会影响母鼠，使母鼠细胞免疫功能因此得到明显的改善。1961 年 Miller 将新生小鼠胸腺切除后，不再出现对同种异体皮肤的排斥现象及细胞免疫功能严重衰退。当植入微孔弥散室（内有胸腺细胞，但细胞不能通过微孔滤膜）时，则可使该小鼠的细胞免疫功能迅速恢复。他因此提出胸腺可以通过分泌体液影响 T 细胞的发育，确认了胸腺对 T 细胞的发育以及对细胞免疫各种功能的作用。

2. 骨髓（bone marrow）

骨髓是造血器官，它是红细胞、粒细胞、单核细胞、血小板等的发源地和分化成熟的场所。哺乳类和人类 B 淋巴系干细胞是在骨髓内各种激素调节下，增殖、分化发育成长为 B 细胞。在发育过程中，对自身成分能起应答反应的 B 细胞和 T 细胞相似，也会被抑制或消除，称为克隆消除（clonal deletion）或称克隆流产（clonal abortion）。

二、外周淋巴器官和功能

外周淋巴器官包括淋巴结、脾、阑尾、扁桃体以及弥散的淋巴组织等。它们是淋巴细胞定居和增殖场所，具有高度特化的组织结构，抗原在此诱导形成免疫应答，是淋巴液过滤的部位，侵入的病原微生物滤至淋巴窦内，促使吞噬细胞吞噬和提呈抗原。外周淋巴器官是淋巴细胞再循环的重要环节。

1. 淋巴结

淋巴结（lymph node）为圆形淋巴器官，直径在 1 cm 左右（图 5-3）。主要分布在非黏膜部位，包括肘、腋下、腹股沟、头颈、肠系膜等部位。淋巴结表面有致密的结缔组织被膜包被，由被膜向淋巴结内伸入多条分支的结缔组织小梁，形成淋巴结的支持结构。淋巴结内实质可分皮质和髓质两部分。靠近被膜的皮质部分称皮质浅区，是 B 细胞居留地，又称非胸腺依赖区（thymus independent area）。此区内有由 B 细胞聚集形成的初级淋巴滤泡（primary lymphoid of follcle）或称为淋巴小结。当 B 细胞受抗原刺激，不断增殖，形成生发中心，又称次级淋巴滤泡（secondary lymphoid of follicile）。皮质浅区与髓质之间是皮质深区，又称副皮质区（paracortical area），为 T 细胞居留地，称为胸腺依赖区（thymus dependent area）。淋巴结的中心部位是髓质，由髓索围成髓窦。淋巴结内 T、B 细胞免疫应答生成的致敏 T 淋巴细胞及特异抗体都汇集于窦内。此外还存有网状细胞、巨噬细胞和树突状细胞（dendritic cell）。当抗原过滤于此处时，它们吞噬并把抗原信息呈递给 T、B 淋巴细胞，使之激活。

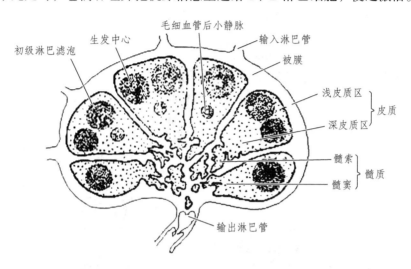

图 5-3　淋巴结结构

2. 脾　脏

脾脏（spleen）是体内最大的淋巴器官，富含血管。它也分为皮质（白髓）和髓质（红髓）两部分。入脾的动脉分支贯穿白髓部分的小梁中成为中央小动脉，在小动脉周围的淋巴鞘是 T 细胞的居留地。白髓中的淋巴小结即为初级淋巴滤泡，是 B 细胞的居留地。受抗原刺激后，B 细胞增殖分化形成生发中心，为次级淋巴滤泡。红髓由脾索（splenic cord）围成无数脾窦（splenic sinus），窦内充满循环的血液和巨噬细胞、树突状细胞。混入血液内的抗原异物在此被吞噬和呈递抗原。此外，脾有造血功能，血窦有储存和调节血量的作用。

3. 淋巴细胞的再循环（lymphocyte recirculation）

淋巴细胞再循环是指淋巴细胞在血液与淋巴组织之间反复的、周身的循环。淋巴细胞为了捕捉抗原和发挥有效的保护作用，必须在全身巡游。在淋巴结中，淋巴细胞从输出淋巴管输出，由胸导管进入血液循环。淋巴细胞随血液循环而运至全身，然后通过毛细血管后小静脉（在淋巴结深皮质区）的内皮细胞穿出血管壁进入淋巴结内。此外，也可随组织液和（或）淋巴液，经输入淋巴管进入淋巴结。在脾脏内，T、B 细胞主要经血液往返循环，其中部分可穿过脾边缘血窦的上皮细胞，从输出淋巴管经胸导管进入血液循环，再回到脾脏。再循环以 T 细胞为主，占 70% ~ 75%，而 B 细胞仅占 25% ~ 30%；T、B 细胞虽经反复循环，但回到外周淋巴组织时，其分布不会改变，在原区域定居，如在淋巴结内，B 细胞始终居留在皮质浅区，T 细胞在皮质深区；淋巴细胞出入血管是通过毛细血管后小静脉，称为高内皮细胞小静脉（high endothelial venule，HEV），在淋巴细胞上有识别 HEV 的导航受体，不同淋巴细胞的导航受体不同，不同淋巴组织中 HEV 上的识别分子亦不同，这就决定了淋巴细胞的运行路线和在外周淋巴器官中定居的部位。如用蛋白酶处理淋巴细胞，其表面分子被消化掉，则淋巴细胞在外周淋巴器官中的分布是随机的。从小鼠淋巴结的淋巴细胞分离的表面糖蛋白决定簇 gp90，制备大鼠单克隆抗体 MEL-14，它能阻断这些淋巴细胞与毛细管后小静脉的结合，估计淋巴细胞选择性的定居与 gpMEL-14 有关。另外，血液中的淋巴细胞并不与其他毛细血管的内皮细胞结合，因此淋巴结中的淋巴细胞经再循环后回归至淋巴结，而不回归至肠道集合淋巴结或脾脏。淋巴细胞的再循环见图 5-4、图 5-5。

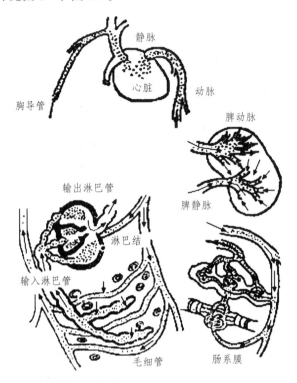

图 5-4 淋巴细胞再循环的主要途径示意图

图 5-5 淋巴细胞穿过毛细血管后小静脉搏的内皮细胞

三、免疫细胞

参与免疫应答或与免疫应答有关的细胞统称免疫细胞（immunocyte），包括淋巴细胞、单核细胞、巨噬细胞、多形核细胞、肥大细胞和辅助细胞等。其中能接受抗原刺激而活化、增殖、分化发生特异性免疫应答的淋巴细胞称为抗原特异性淋巴细胞（antigen specific lymphocyte），或称免疫活性细胞（immunocompetent cell，ICC），即 T 淋巴细胞和 B 淋巴细胞（简称 T、B 细胞）。

1. T 细胞的分化与功能

T 细胞是在胸腺内分化发育成熟的。进入胸腺的前 T 细胞（T 系淋巴干细胞）在胸腺激素和由胸腺保育细胞合成的神经肽（β-内啡肽）、催产素（oxytocin）、精氨酸加压素（arginine vasopressin，AVP）、白细胞介素-2（interleukin 2，IL-2）等多种激素的作用下进一步发育，其时对自身成分起应答反应的"禁忌细胞株"（forbidden clone）被抑制或消除，仅不到 5% 的 T 细胞发育成熟。这些 T 细胞称为胸腺依赖性淋巴细胞（thymus dependent lymphocyte）。

抗体分子与抗原的结合是检查分子结构差异的有效方法，目前更多的是应用单克隆抗体技术对人类 T 细胞表面抗原进行研究。在 T 细胞发育的不同阶段，其细胞表达不同种类的分子，成熟 T 细胞在静止期和活化期其细胞表面表达的分子种类及数目也都不同，它们涉及 T 细胞对抗原的识别、细胞的活化、信息的转递、细胞因子的接受和继发的增殖和分化过程，正是由于这些差异，T 细胞在功能上才有所不同。在对 T 细胞分化抗原的研究基础上，1983 年第一届人类白细胞分化抗原国际会议确定以分化群（cluster of differentiation，CD）来命名。由于是通过单克隆抗体发现和检测 T 细胞分化抗原的，所以这种命名即代表了不同的分化抗原，也代表了相应的系统单克隆抗体。

T 系淋巴干细胞进入胸腺时尚无分化抗原标志，当其在胸腺皮质开始早期分化阶段，表达 CD2 分子，进而分化表达 CD3，进一步在同一细胞上表达 CD4 和 CD8。在胸腺髓质内，T 细胞分化成两亚群，除都有 CD2、CD3 外，其中一群有 CD4，另一群有 CD8。

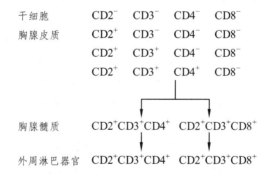

这两亚群表面标志差异也反映在功能上的不同：

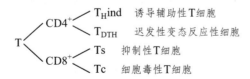

CD4+CD8-T 细胞包括诱导/辅助细胞和迟发性变态反应性细胞。前者的功能是促进 TH、TC、TS 的成熟，后者辅助 B 细胞产生抗体，并可引起机体产生迟发性变态反应。这是由于当它接触相应抗原时，可释放多种淋巴因子促使吞噬细胞的吞噬和感染部位出现炎症反应。CD4-CD8T+细胞包括抑制性 T 细胞（suppressor T cell，Ts）和细胞毒性细胞（cytotoxic T cell，

Tc）。Ts 可抑制 B 细胞产生抗体，Tc 对靶细胞有直接杀伤作用。

2. B 细胞的分化与功能

B 细胞是在鸟类的法氏囊、哺乳类和人类的骨髓内分化发育成熟的。来自卵黄囊血岛，经胚肝或骨髓转移到法氏囊的 B 系干细胞，开始在皮质部位发育成前 B 细胞，继而进入髓质，在髓质上皮细胞产生的囊生长素（bursopoitin）等激素的培育和诱导下，发育成"不成熟 B 细胞"（immature），最后在髓质内发育为成熟的 B 细胞（图 5-6）。B 细胞在哺乳类和人类骨髓内的发育成熟过程与此类似。

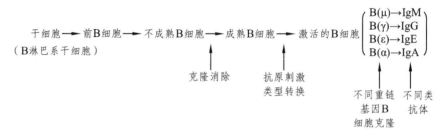

图 5-6　B 细胞的分化与功能

成熟 B 细胞是静止的细胞，一旦被抗原激活，就进一步分化（发生免疫球蛋白重链类型的基因转换）而为激活的 B 细胞，B 细胞进而发育成熟为浆细胞，分泌抗体，发挥免疫效应。

3. 其他免疫细胞

有免疫功能的细胞除 T、B 细胞外，还有一些淋巴样细胞：杀伤细胞（killer cell，K 细胞）和自然杀伤细胞（natural killer cell，NK 细胞）。由于 K 细胞只能杀伤那些被抗体覆盖（结合）的靶细胞，因此称为抗体依赖性细胞介导的细胞毒作用（antibody-dependent cell-mediated cytotoxicity，ADCC）。这种现象的产生是由于 K 细胞表面存在抗体 IgG 羧基端受体（Fcγ），当抗体氨基端与靶细胞结合后，K 细胞的 Fcγ 与 IgG 抗体结合而触发了 K 细胞的杀伤作用。作为杀伤对象的靶细胞包括：肿瘤细胞、各种病原体以及自身衰老细胞，特别是对较大的病原体（如寄生虫），在不易被吞噬细胞吞噬的情况下，K 细胞的杀伤作用对机体的免疫保护是很有意义的。

NK 细胞是颗粒较大（约 15 μm）的淋巴样细胞，在血液中约占淋巴细胞总数的 10%。在无胸腺或免疫缺损的个体内都可检测到 NK 细胞。它是具有自然细胞毒性的特殊细胞，不需要抗体的存在而直接杀伤靶细胞。因此抵抗自发性肿瘤细胞和病毒感染的第一道防线可能就是 NK 细胞。它不属于单核细胞和 B、T 细胞，可能代表一个特殊的谱系，为人们所关注。

四、免疫活性介质

T 淋巴细胞执行的免疫效应和免疫调节功能是靠释放淋巴因子来介导的。淋巴因子（Lymphokine）是由淋巴细胞分泌的、能影响其他细胞功能的多肽。随着生物化学研究的发展，证实了单核细胞（单核因子）、内皮细胞以及成纤维细胞等多种细胞都可以释放各种对免疫功能有调节作用的多肽，因而把它们统称为细胞因子（Cytokine）。

抗体又称免疫球蛋白，在 B 细胞受抗原刺激后，经分化增殖而分泌的一类糖蛋白。它具有中和毒素和病毒、引起细菌凝集和蛋白质抗原沉淀等功能。

补体是正常动物和人类血清中存在的一类具有酶活性的蛋白质，它被激活以后可产生溶菌、溶细胞等多种生理效应。

五、人体免疫系统的工作原理

1. 免疫系统的分工

人体的免疫系统像一支精密的军队，24 h 昼夜不停地保护着我们的健康。在任何一秒内，免疫系统都能协调不计其数、不同职能的免疫"部队"从事复杂的任务。它不仅时刻保护我们免受外来入侵，同时也能预防体内细胞突变引发癌症。

（1）士兵工厂：骨髓　骨髓是粒细胞、单核细胞和淋巴细胞等的发源地和分化成熟的场所。哺乳类和人类 B 淋巴系干细胞是在骨髓内各种激素调节下，增殖、分化发育成长为 B 细胞。粒细胞、单核细胞和淋巴细胞等就像免疫系统里的士兵，而骨髓就像制造士兵的工厂一样。

（2）训练场地：胸腺　胸腺是训练各军兵种的训练厂。胸腺指派 T 细胞负责战斗工作。此外，胸腺还分泌具有免疫调节功能的荷尔蒙。

（3）战场：淋巴结　淋巴结是一个拥有数十亿个白细胞的小型战场。当因感染而开始作战时，外来的入侵者和免疫细胞都聚集在这里，淋巴结就会肿大，甚至我们都能摸到它。肿胀的淋巴结是一个很好的信号，它正告诉你身体受到感染，而你的免疫系统正在努力地工作着。作为整个军队的排水系统，淋巴结肩负着过滤淋巴液的工作，把病毒、细菌等废物运走。

（4）血液过滤器：脾脏　脾脏是血液的仓库。它承担着过滤血液的职能，除去死亡的血球细胞，并吞噬病毒和细菌。它还能激活 B 细胞使其产生大量的抗体。

（5）咽喉守卫者：扁桃体　扁桃体对经由口鼻进入人体的入侵者保持着高度的警戒。那些割除扁桃体的人患上链球菌咽喉炎和霍奇金病的概率明显升高。这证明扁桃体在保护上呼吸道方面具有非常重要的作用。

（6）免疫助手：盲肠　盲肠能够帮助 B 细胞成熟以及抗体（IgA）的生产。它也扮演着交通指挥员的角色，生产分子来指挥白细胞到身体的各个部位。盲肠还能"通知"白细胞在消化道内存在入侵者。在帮助局部免疫的同时，盲肠还能帮助控制抗体的过度免疫反应。

（7）肠胃守护者：集合淋巴结像盲肠一样，集合淋巴结对肠胃中的入侵者起反应。它们对控制人体血液中入侵的微生物至关重要。

人体 90%以上的疾病与免疫系统失调有关。人体免疫系统的结构纷繁复杂，由人体多个器官共同协调运作。并不在某一个特定的位置或器官，人体主要的淋巴器官骨髓、胸腺和外围的淋巴器官扁桃体、脾、淋巴结、集合淋巴结与盲肠都是用来防堵入侵的微生物。当我们喉咙发痒或眼睛流泪时，都是我们的免疫系统在努力工作的信号。长久以来，人们因为盲肠和扁桃体没有明显的功能而选择割除它们，但是最近的研究显示盲肠和扁桃体内有大量的淋巴结，能够协助免疫系统运作。

2. 人体免疫机理

外来抗原进入机体后，人体要进行免疫反应，特异性免疫反应分为体液免疫和细胞免疫，并各有感应、反应、效应三个阶段。

（1）感应阶段：识别和处理抗原的阶段。外来抗原进入人体后，大部分抗原被吞噬细胞清除，而失去活性，对人体不形成危害。一部分未能清除的抗原对人体造成危害，由抗原提呈细胞（如巨噬细胞）提呈给 T 细胞识别。

（2）反应阶段：当 T 细胞识别抗原后，原来静止的细胞就开始活跃，大量繁殖，并具有相应的功能，如辅助和监控 B 细胞成熟和制造抗体、产生大量细胞因子来调节免疫反应和杀伤抗原。此时 B 细胞开始活跃，逐渐从静止期演变成为成熟的浆细胞。

（3）效应阶段：T 细胞形成致敏淋巴细胞，分泌大量的细胞因子。B 细胞也开始分泌大量相应抗体和进入体内的抗原结合，使抗原失活，同时形成免疫反应。这样整个免疫反应过程就完成了。

在抗感染免疫中体液免疫与细胞免疫相辅相成，共同发挥免疫作用。一般病原体是含有多种抗原决定簇的复合体，不同的抗原决定簇刺激机体不同的免疫活性细胞，因而常能同时形成细胞免疫和体液免疫。但不同的病原体所产生的免疫反应，常以一种为主。例如，细菌外毒素需有特异的抗毒素与其中和，故以体液免疫为主；结核杆菌是胞内寄生菌，抗体不能进入与其作用，需依赖细胞免疫将其杀灭。而在病毒感染中，体液免疫可阻止病毒的血行播散，要彻底消灭病毒却需依赖细胞免疫。

自从抗生素发明以来，人们一直致力于药物的发明，期望它能治疗疾病，研究人员逐渐发现，人们对化学药物的使用无法替代免疫系统的功能，相反扰乱免疫系统平衡，对人体免疫系统具有不利影响。而适当的营养却能使免疫系统全面有效地运作，有助于人体更好地防御疾病、克服环境污染及毒素的侵袭。

六、如何增强人体免疫力

免疫是人体重要的生理功能，免疫系统能阻止细菌和病毒进入人体，并帮助病人恢复健康，它与内分泌系统及神经系统密切相关，"运动、营养、免疫"之间有着复杂的关系，了解它们的关系，将帮助人们运用运动、营养手段来调节机体的免疫状况，维持身体健康。提高免疫力的科学方法以下：

（一）通过饮食营养增强免疫力

研究表明，适当的营养可强化免疫系统的功能，影响免疫系统强弱的关键，就在于营养是否平衡，不平衡的营养会使免疫系统功能减弱、失调，导致疾病发生。

免疫力是指人体自身的防御能力，也就是当人体受到病原微生物（包括细菌、病毒、衣原体等）侵袭时，人体的防御部队——免疫细胞对外来致病物质识别，从而有效地清除，维护人体的健康的能力。这支奇特的防御部队由 T 淋巴细胞"领导"的"细胞免疫部队"和由 B 淋巴细胞"领导"的"体液免疫部队"两部分组成。前者主要调节人体免疫反应和直接杀伤外来入侵物；后者则是通过产生抗体（免疫球蛋白分子）来中和外来病原微生物产生的毒素，杀死病原微生物。在实际战斗中，"细胞免疫部队"和"体液免疫部队"之间会相互配合、相互促进、相互协调，我们不能截然分清哪支部队的功劳更大一些，而只能说在某一场战役中，哪一支免疫部队起主导作用而已。

那么怎样才能拥有更加精锐的防御部队呢？通过饮食营养增强免疫力是有效的方法。我们每天所摄取的各种营养是维持人体正常免疫功能的物质基础。任何一种营养的缺乏都会导致经常性和长期性的疾病。当人感觉到饥饿时，身体会分泌肾上腺素，如果体重每周减轻 850 g 以上，抵御病原体的 T 细胞就会受到抑制。

1. 蛋白质、氨基酸与免疫

蛋白质是构成免疫细胞和其他各种细胞的基础，人体每天只有摄入充足优质的蛋白质，才能保证这支免疫部队的规模以及保持旺盛的精力和体力！最近研究表明，蛋白质摄入不足将使免疫系统功能低下，特别对细胞免疫有影响，降低吞噬细胞的功能，抑制体内蛋白质的合成，使抗体浓度下降，抗体反应减弱，蛋白质严重缺乏还会影响免疫器官，使胸腺萎缩和重量减轻。因此，每天应该适量吃一些瘦肉、鱼、虾、蛋、奶及豆制品等富含优质蛋白质的食物。

精氨酸具有免疫调节功能，精氨酸能增加胸腺的重量，防止胸腺的退化（尤其是受伤后的退化），促进胸腺中淋巴细胞的生长，活化吞噬细胞酶系统，增加吞噬细胞的活力，吞噬细胞利用 L-精氨酸生成的 NO 或细胞毒性作用抵抗真菌、细菌和寄生虫。

谷氨酰胺是近年来日益受到重视的免疫营养之一，能强化免疫系统的功能。

2. 抗氧化物质与免疫

正常情况下，机体组织中皆有自由基产生，自由基分子极不稳定，会导致蛋白质、细胞膜损伤，甚至 DNA 突变，引起癌症和其他慢性疾病。人体内存在超氧化物歧化酶（SOD）、谷胱甘肽过氧化物酶、过氧化氢酶等抗氧化酶和 β-胡萝卜素、维生素 C、维生素 E 和锌、硒等抗氧化剂来对付自由基，它们通过还原自由基使机体免遭自由基的损害，维持体内自由基产生和清除的动态平衡，保证人体的免疫系统不受侵害。剧烈的运动引起脂质过氧化反应加强而产生较多的自由基，导致肌纤维及线粒体膜等生物膜损伤，从而引发一系列细胞代谢功能紊乱，使肌肉活力下降产生疲劳。值得一提的是，β-胡萝卜素不仅是重要的抗氧化物质，而且还可以促进免疫细胞的活化。而维生素 E 在一定剂量范围内能促进免疫器官的发育和免疫细胞的分化，保证体内的防御部队有充足的后备力量。原花青素（OPC）是葡萄籽的提取物，也蕴藏于植物外皮及种子内，是一种很强的天然抗氧化剂，几乎每一种新鲜蔬菜和水果都有。因此，每天应适量的吃些新鲜、有色的蔬菜和水果，获得身体需要的抗氧化剂。

3. 脂类营养与免疫

一般来说，膳食中的脂类对免疫功能有调节作用。淋巴细胞以及其他免疫细胞中的脂肪酸组成随饮食中脂肪酸成分的变化而变化。一些 ω-3 不饱和长链脂肪酸与免疫调节有关，如 DHA 能促进 T 淋巴细胞的增殖，提高细胞因子 TNF-α、IL-β、IL-6 的转录，提高免疫系统对肿瘤的杀伤能力。DHA 能下调 T 淋巴细胞表面死亡受体 Fas，使其凋亡减少，延长其抗肿瘤的时间。适当增加 ω-3 多不饱和脂肪酸的摄入，可以提高免疫系统的功能。

4. 糖与免疫

肠道中的有益菌群与免疫力密切相关，尤其是双歧杆菌在增强免疫细胞的活性上起着重要的作用。老人、慢性病人，以及长期精神压力大、身体过度疲劳的人，免疫力会明显下降，其中一个重要原因是肠道内双歧杆菌数量下降。低聚糖是促进双歧杆菌增殖，保持双歧杆菌数量稳定最有效的方法。而低聚木糖是低聚糖中促进双歧杆菌增殖力最强的物质，而且它还具有对酸、热稳定及不被消化酶酶解的特点，国外在功能食品研发中已经得到了广泛运用。

20世纪60年代科学家就发现菇类多糖体具有良好的抗癌效果,这些菇类多糖体能够活化免疫细胞,维持免疫系统的平衡,进而使免疫系统摧毁癌细胞和病毒,抑制肿瘤生长。因此,适当的食用菇类也可以增强免疫功能。

5. 补充维生素和矿物质

研究表明,维生素和矿物质与干扰素及各类免疫细胞的数量与活力有关。

现代医学研究表明:维生素对人的免疫系统有非常重要的调节和维持作用,对儿童的抗感染免疫能力有非常重要的影响。

维生素C、维生素 B_6、胡萝卜素和维生素 E 与免疫力关系密切。维生素 C 能刺激身体制造干扰素(一种参与抗癌活性物质),一般人感冒时白细胞中的维生素 C 会急速地消耗,因此感冒期间可以适当补充维生素 C,以增强免疫力。

维生素 E 可刺激 B 淋巴细胞的增殖,参与从免疫球蛋白 M(IgM)到免疫球蛋白 G(IgG)的合成转化,清除免疫细胞代谢所产生的过氧化物,保护免疫细胞膜免受氧化破坏。维生素 E 可调节淋巴细胞表面标志的分布,增强其对外来抗原的识别和反应性,从而提高机体的免疫应答水平。维生素 E 可促进巨噬细胞增殖,增强其表面抗原受体和免疫细胞的联系。血清中前列腺素(PG)水平与机体免疫能力呈负相关,PG 水平升高(尤其是 PGE1、PGE2 和 PGE2a)有免疫抑制作用。维生素 E 通过抑制环加氧化酶活力降低 PGE2;通过和硒协同作用改变动物体内花生四烯酸的代谢,防止其过氧化作用,影响 PG 前体的合成,降低具有免疫抑制作用的 PG 合成。故维生素 E 可增加机体免疫力。

维生素 A、维生素 B_4、维生素 B_{12}、维生素 C 及维生素 D 都和儿童抗感染的免疫力有关。由于饮食结构的不合理,我国儿童维生素 A、维生素 B_{12}、维生素 C 及维生素 D 的缺乏比较明显,儿童抗感染的免疫力降低,容易感染各种疾病。

矿物质钙、铁、锌是免疫功能所必需的。锌是参与免疫功能的重要元素。无论人还是动物,体内锌含量减少可引起细胞免疫功能低下,一些与缺锌有关系的疾病,如肠病性肢端皮炎、低丙球蛋白白血病等都伴随有严重的免疫功能低下的症状。随着锌的补充,免疫功能提高。铁是组成人体细胞运输氧气,保证能量供应的血红蛋白重要成分,因此补充充足的铁是免疫战斗中后勤工作顺利开展的保障。

值得注意的是微量元素的过量摄入也会降低人的免疫功能。所以缺乏微量元素也不可盲目补充,尤其是私自服用含微量元素的化学制剂。

总之,各种营养的补充对于提高人体免疫力有着举足轻重的作用。营养不良将导致免疫系统功能受损,有利于感染的发生和发展。因此,通过均衡的饮食,从各种食物中摄取足够的营养,是增强抵抗力的基础。

(二)适当的运动增强免疫力

有资料表明,适度规律运动提高机体免疫力,增强机体产生特异性抗体的能力,增加杀伤性细胞的数目。1990 年 NiemanDt 等将 36 名轻度肥胖的中青年妇女分为运动组(15 周轻快步行)和非运动对照组进行研究。结果表明:运动组较非运动组 NK 活性、IgA、IgG、IgM 均显著升高,上呼吸道感染率下降。然而,长时间大强度的运动(指耗氧量超过机体最大耗氧量的 75%),会产生过多的自由基,导致细胞结构和功能的广泛性损害,降低人体外周血中免疫细胞的数目及免疫细胞的免疫活性，从而降低机体的抗病能力。大强度的运动对机体是一种应激刺激，体内某些应激性物质，如肾上腺皮质激素、交感神经递质、阿片肽等升高，这些物质均会影响到免疫系统的功能。所以，运动强度要适当，运动只要心跳加速即可。

（三）借助睡眠

睡眠与人体免疫力密切相关。良好的睡眠可使体内的两种淋巴细胞数量明显上升。睡眠时人体会产生一种称为胞壁酸的睡眠因子，此因子促使白细胞增多，巨噬细胞活跃，肝脏解毒功能增强，从而将侵入的细菌和病毒消灭。

（四）保持乐观情绪

乐观的情绪可以维持人体处于最佳生理的状态，巨大的心理压力会使对人体免疫系统有抑制作用的荷尔蒙增多，易受到疾病的侵袭。

（五）限制饮酒

每天饮低度白酒不超过 100 mL，黄酒不超过 250 mL，啤酒不超过 1 瓶，因为酒精对人体的每一部分都会产生消极影响。即使喝葡萄酒可以降低胆固醇，也应该限制每天一杯。过量饮用会给血液与心脏等器官造成很大破坏。

（六）改善体内生态环境

用微生态制剂提高免疫力的研究和使用由来已久。研究表明，以肠道双歧杆菌、乳酸杆菌为代表的有益菌群具有广谱的免疫原性，能刺激人体淋巴细胞分裂繁殖，同时还能调动非特异性免疫系统，去"吃"掉各种致病微生物，促进人体产生抗体，提高免疫能力。对于健康人来说，不妨多吃些乳酸菌饮料；而健康边缘人群，可以用微生态制剂来调节体内微生态平衡。

（七）多用脑

积极的思维活动可以提高免疫力。大脑负责计划、记忆、判断、抽象思维的部分和免疫系统之间存在密切联系，任何思维活动，只要运用到大脑的智力功能，对免疫力就会有好处。

（八）关灯睡觉

在黑暗中人体才会产生抵御疾病的褪黑激素。睡眠不足或晚上长时间处于灯光下，都会减少褪黑激素的释放，同时使雌激素的分泌增加，这样就很容易患乳腺癌。近来好几项研究都表明，值夜班的女性患乳腺癌的比例较高，喜欢把卧室灯调得很亮的女性患乳腺癌比例更高。盲人妇女患乳腺癌的比例则比正常人低 20% ~ 50%。即使是床头闹钟和小夜灯这样微弱的光源也会抑制褪黑激素的释放。因此，卧室越暗越好。

七、提高免疫力的食物

1. 灵　芝

灵芝含灵芝多糖，可增强人体的免疫力，具有抗癌效能；还含有丰富的锗元素，能加速身体的新陈代谢，延缓细胞的衰老，能通过诱导人体产生干扰素而发挥其抗癌作用。

2．新鲜萝卜

因其含有丰富的干扰素诱导剂而具有免疫作用。

3．人参蜂王浆

含具有防癌作用的蜂乳酸，能提高机体免疫力及调节内分泌的能力。

4．香　菇

所含的香菇多糖能增强人体免疫力。蘑菇、猴头菇、草菇、黑木耳、银耳等都有增强免疫力的作用。

第六章　特殊人群的营养需要

第一节　孕妇及乳母营养

一、孕妇的营养与膳食

（一）孕妇的生理特点

妊娠是一个复杂的生理过程，孕妇在妊娠期间身体需要一系列的生理调整，以适合胎儿在体内的生长发育。孕妇的营养状况对整个妊娠过程、胎儿的生长发育有极为重要的作用。妊娠期的生理特点如下：

1. 内分泌改变

妊娠时，孕妇全身内分泌腺的功能都会发生不同程度的改变，特别表现在甲状腺功能旺盛，碘的需要量增加，孕激素合成增加。

（1）人绒毛膜促性腺激素（human chorionic gonadotropin，HCG）在妊娠 1 周开始出现，至第 9 周达高峰。此激素由胎盘分泌，有安胎作用。

（2）人绒毛膜生长素（human chorionic somatotropin，HCS）在妊娠 6 周出现，36 周达高峰至分娩。此激素由胎盘分泌，功能为降低母体葡萄糖利用；促进脂肪分解；促进蛋白质和 DNA 合成。

（3）雌激素（estrogen）分泌增加。在妊娠 3 个 月，胎盘合成大量雌激素（雌酮、雌二醇、雌三醇），可增加子宫和胎盘的血流量，促进母体乳房发育。

（4）黄体酮（progesterone）分泌增加。妊娠 8 ~ 10 周时由胎盘分泌，并持续增加。生理功能为促进子宫内膜和乳腺的发育。在上述激素的作用下，孕妇体内的合成代谢增强，分解代谢也增强，但总体上是合成代谢 > 分解代谢。

2. 血容量和血流动力学变化

怀孕后母体血容量比妊娠前增加 35% ~ 40%，其中，血浆容积增加 45% ~ 50%，而红细胞数增加 15% ~ 20%。致使血液相对稀释，血浆所有营养素降低。血红蛋白值下降，达 110 g/L（正常 130 g/L），出现生理性贫血。白细胞增加，主要为中性粒细胞增加。血浆总蛋白下降，达 60 g/L（正常 70 g/L），主要为白蛋白由 40 g/L 降至 25 g/L。

3. 肾功能改变

（1）妊娠期，肾小球滤过率增加约 50%，肾血流量增加约 75%，肾脏负担加重。

（2）蛋白质代谢产物（尿素、尿酸、肌苷、肌酸）等排泄增多。

（3）一些营养素（葡萄糖、氨基酸、水溶性维生素）从尿中排出增加。其中葡萄糖的尿排除量可增加 10 倍以上，尤其在餐后 15 min 可出现糖尿。

（4）另外妊娠期体内水分储留增加，特别是孕后期下肢常会出现水肿，如血压正常而仅有下肢凹陷性水肿者属生理现象。

4. 消化系统功能改变

由于激素的变化引起平滑肌松弛、消化液分泌减少，胃肠蠕动减慢，常出现胃肠胀气及便秘的情况，尤其是孕早期常有恶心、呕吐等妊娠反应，对钙、铁、VB_{12}、叶酸等营养素吸收增强。

5. 体重增长

整个妊娠期，正常体重增加 12~15 kg，孕期体重增加过多会造成慢性高血压、妊娠糖尿病、肾盂肾炎、血栓症、过期妊娠及胎儿过大和难产等。如整个孕期增重过低，早产和低体重儿的发生率以及新生儿的死亡率也相对增加。

（二）孕妇营养

妇女自受孕后，体内的正常代谢过程发生了一系列变化。胎儿生长发育所需的各种营养主要来自母体，孕妇本身还需要为分娩和泌乳储存一定的营养素，所以，孕妇需要比平时更多的营养素。如果孕妇营养失调或不足，对母体健康和胎儿的正常发育都将产生不良影响。因此，必须调整孕妇的营养与膳食，以适应妊娠期母体的特殊生理和充分满足胎儿生长发育的各种营养素需要，保证母婴健康。

因受孕妇消化道变化的制约，如早孕反应、胃肠道排空缓慢、便秘等因素，孕妇的营养摄入会受到影响。因此，特别需要加强孕妇的营养指导。与此同时，还需考虑到新生儿的体重不能超过 3500 g。因此，合理平衡的膳食是营养指导的核心。

1. 热　量

我国营养学会推荐妊娠中、晚期孕妇每日热量增加 836~1672 J/d，即每日摄入的碳水化合物 200~250 g。如孕妇摄入的热量过多，都可能使孕妇和胎儿的体重超重而成为今后代谢性疾病的隐患。

糖和脂肪是热能的主要来源。糖的供给量占总热量的 55%~60%，比正常人稍低，以提高蛋白质的供给量和其他营养的补充。对有早孕反应的孕妇，糖的摄入量每日不低于 150~200 g，以防止酮症酸中毒。脂肪的供给量占总热量的 25%~30%。

2. 蛋白质

在妊娠期间需要额外增加约 900 g，供母体形成新组织和胎儿成长时的需要。中国营养学会建议，在妊娠早期、孕中期、孕晚期，孕妇蛋白质的推荐摄入量分别增加 5 g、15 g 及 20 g，可基本满足妇女在孕期的需要；膳食中优质蛋白质应占蛋白质总量的 1/2 以上。

3. 维生素

维生素是维持生命和生长需要的有机物，孕妇对维生素的需要量增加。

孕妇所需的脂溶性维生素主要是维生素 A、维生素 D。富含维生素 A 的食物主要有胡萝卜、红薯、笋瓜、菠菜以及哈蜜瓜。奶、奶酪、黄油和鸡蛋中也含有一定的维生素 A。富含维生素 D 的食物主要有鸡蛋、肝和鱼，另外还有富化牛奶以及富化人造黄油。此外，增加皮肤暴露于阳光能增加维生素 D 的合成，有利于胎儿牙齿和骨骼的发育。

孕妇所需的水溶性维生素是维生素 B_1、维生素 B_2、叶酸和维生素 B_{12}。

富含维生素 B_1 的食物主要有猪肉和火腿、酵母片、肝、全营养谷物、葵花子、豆类、西瓜、牡蛎、燕麦片和小麦胚种。维生素 B_1 能增进食欲，保持良好的消化功能，缺乏维生素 B_1 可能导致便秘、呕吐和倦怠等。

富含维生素 B_2 的食物主要有奶、奶酪、椰菜、芦笋、菠菜、干果、菌藻类、蛋黄和谷物等。维生素 B_2 在协助能量营养代谢时起着重要作用。缺乏维生素 B_2 可引起口角溃疡、舌炎和外阴炎等。

富含叶酸的食物主要有肝、肾、蛋、菠菜、芹菜、莴苣、橘子等。叶酸是新细胞合成所必需的辅酶的组成部分。叶酸缺乏可引起孕妇巨幼红细胞贫血而可能导致流产和新生儿死亡、胎儿神经管畸形。

富含维生素 B_{12} 的食物主要有动物肉、动物肉制品和发酵食品。维生素 B_{12} 对维持和刺激神经鞘的生长起一定的作用。缺乏维生素 B_{12} 可引起孕妇或新生儿的贫血。

富含维生素 C 的食物主要有各种新鲜水果和蔬菜，如绿叶菜、西红柿、山楂、草莓等。维生素 C、能促进蛋白质合成及伤口愈合，能促进铁的吸收，防止贫血。缺乏维生素 C 易导致孕妇或胎儿贫血、坏血病，甚至流产、早产、胎膜早破等。

4. 矿物质

孕妇和胎儿所需的矿物质主要是铁、钙和磷、碘、锌。

铁是造血的主要物质，孕妇缺铁可能导致胎儿宫内生长迟缓。富含铁的食物主要有肝、瘦肉、血、蛋黄、豆类、贝类、海带、紫菜、虾皮、木耳、芝麻、芹菜和黄花菜等。

钙是构成胎儿骨骼、牙齿的主要成分。孕妇缺钙可表现为腰腿痛、牙痛、肌肉痉挛，重者引起骨软化症、牙齿松动，胎儿出现先天性骨软化症。富含钙的食物主要有奶、肉类、海带、紫菜、虾皮、豆类、蛋、木耳、芝麻酱等。

孕妇缺碘易发生甲状腺素肿大，并影响胎儿的生长发育或发生地方性克汀病。富含碘的食物主要有海带、紫菜等海产品。

二、乳母的营养与膳食

1. 乳汁的组成及乳母的生理特点

乳汁包括：① 初乳，为产后第一周分泌的乳汁，富含钠、氯和免疫球蛋白，但乳糖和脂肪含量少。② 过渡乳，为产后第二周分泌的乳汁，乳糖和脂肪含量增多，蛋白质含量有所下降。③ 成熟乳，产后第三周开始分泌的乳汁，富含 蛋白质、乳糖、脂肪等多种营养素。哺乳期乳母雌激素、孕激素、胎盘生乳素水平急剧下降；催乳素（垂体分泌）持续升高。哺乳有利于母体生殖器官及有关器官和组织更快的恢复。

2. 乳母的营养需要

乳母的营养是乳汁分泌的物质基础，直接关系到乳汁分泌的质和量。由于乳汁中各种营养成分全部来自母体，若乳母营养素摄入不足，则动用乳母体内的营养素储备，牺牲母体组织，以维持乳汁营养成分的恒定，因此，会影响母体健康。如乳母长期营养不良，则乳汁分泌量减少，质量下降，不能满足婴儿生长发育的需要，甚至导致婴儿营养缺乏病。

产褥期即分娩结束至生殖器官恢复原状的这段时间，6~8周。① 产后第一天，应给流质食物，多喝汤水，如鸡汤、鱼汤、猪蹄汤。② 第二天，可吃一些比较稀软的清淡半流质。如蛋花汤、卧鸡蛋、面汤、馄饨、粥等。③ 3 天以后，可食正常膳食。由于产褥期卧床较多，肠蠕动减弱，易产生便秘，故产妇要多吃蔬菜及含粗纤维的食物。但如果会阴部有裂伤时，要吃 1 周少渣半流膳食。

乳母合理膳食的原则：

（1）供给充足的优质蛋白及热量、无机盐及维生素。

（2）食物的种类要多样，稀干、素荤搭配得当，营养要平衡，少吃辛辣等刺激性食物。

（3）在烹调方法上，多采用蒸、炒、烩、炖等方法，少用煎、炸，以减少胃肠道的不良反应。

（4）多食含钙丰富的食品。

（5）重视蔬菜和水果的摄入。

第二节　人体各时期营养

一、婴幼儿的营养与膳食

（一）婴幼儿生理特点

婴幼儿生长发育旺盛，各种营养素需要量比成人高。婴儿期是人类生长发育的第一高峰期，体重、身高、大脑快速增长。幼儿期为一周岁到三周岁前。幼儿生长发育速度虽然比婴儿期要慢一些，但也是快速生长发育的时期。体重每年约增加 2 kg。身高增加 1~2 岁约 10 cm，2~3 岁约 5 cm。

婴幼儿生理机能没发育成熟，特别是消化系统，咀嚼能力差，胃容量小，消化吸收能力差（酶含量低或无）。牙齿发育变化大，1 岁时萌出上下左右第一颗乳磨牙，1.5 岁出尖牙，2 岁出现第二乳磨牙，共 18~20 颗。全部 20 颗乳牙出齐应不迟于 2.5 岁。若两岁半仍未出齐，属异常，如克汀病、佝偻病、营养不良等患儿出牙较晚。

幼儿的牙齿还处于生长过程，咀嚼食物的功能尚未完善。这个时期的幼儿容易发生消化不良及某些营养缺乏病，幼儿的咀嚼效率随年龄的增长而逐渐增加，6 岁时达到成年人的 40%，10 岁达到 70%。18 月龄胃蛋白酶的分泌已经达到成人水平。1 岁后胰蛋白酶、糜蛋白酶、脂酶的活性接近成人水平。

婴幼儿脑和神经系统的发育很快,脑重:出生时 370 g;6 个月 600~700 g;2 岁 900~1000 g;7 岁接近成人 1500 g。出生后头 6 个月,脑细胞数目的增加出现第二个高峰,以后增加逐渐缓慢,可持续到 2 岁。小脑在 1 岁内发育很快,到 3 岁时小脑已基本与成人相同,能够维持身体的平衡和准确性。周围神经的髓鞘化依神经种类不同而异,颅神经在出生后 3 个月可完成,但髓鞘化过程缓慢,直到 4 岁还未完成,相反视觉神经纤维直到出生前很短时间才有髓鞘形成,但以后的发育非常迅速。脊髓神经从胎儿 5~6 个月开形成,2 岁是髓鞘形成阶段,4 岁时已相当成熟,以后仍在缓慢进行直至成年。由于婴儿时期神经纤维髓鞘形成不全,故兴奋传导易波及邻近神经而引起泛化现象。

婴幼儿机体的各项生理功能也在逐渐发育完善,但对外界不良刺激的防御性能仍然较差。

(二)婴幼儿的营养需要

1. 婴儿喂养

(1)母乳喂养　优点:①母乳中营养素齐全,能全面满足婴儿生长发育的需要。②母乳中丰富的免疫物质可增加婴儿的抗感染能力。③哺乳行为可增进母子间情感交流,促进婴儿智力发育。④母乳无菌、经济、方便、温度适宜,新鲜不变质。

(2)人工喂养　由于各种原因不能喂哺母乳,而用牛乳、羊乳及制品、代乳品喂养婴儿。注意事项:①适当调整牛乳及代乳品中各种营养素的比例使之接近人乳的比例。②牛乳及代乳品使用前加热灭菌。③奶瓶、奶嘴和有关食具清洁消毒。④牛乳及代乳品的摄入量应依据体重增长情况及时加以调整。

(3)混合喂养　由于各种原因,采用部分人乳加牛乳或代乳品喂养婴儿的方式。原则:先喂人乳,再喂其他。

(4)辅食添加　母乳喂养儿须在生后 4~6 个月开始添加乳类以外的食物,补充乳类所含营养素的不足(铁,VC 等),满足婴儿对能量和营养素日益增大的需求,让婴儿适应新的食物品种,并达到断乳的目的。

辅食添加要循序渐进,先试一种食物,如无不良反应再添另一种。食物量由少到多,逐渐增加。食物性状由稀到稠,由细到粗。天气炎热或婴儿患病时应暂缓添加新品种。辅食应专门单独操作,注意卫生。具体添加食物种类、顺序和数量为:4~5 月龄,添加米糊、粥、水果泥、菜泥、肝泥、蛋黄、鱼泥、豆腐及动物血(总计 75~160 g);6~9 月龄,添加饼干、面条、面片、全蛋、肉糜(总计 220 g 左右);10~12 月龄,添加稠粥、碎饭、面包、馒头、饺子、糕点、碎菜、肉末等多种食物(总计 280 g 左右),彻底停止母乳。

2. 幼儿营养需要

由于幼儿仍处于生长发育的旺盛期,对蛋白质、脂肪、碳水化合物及其他营养素的需要量相对高于成人。

幼儿期每日能量的需求较高,各种营养素之间的摄取量要保持平衡,三大营养素的生热比为蛋白质占总能量的 12%~15%,脂肪占 30%~35%,碳水化合物占 45%~55%。我国推荐 1 岁、2 岁和 3~4 岁幼儿每日能量:男孩分别为 4.6 MJ、5.0 MJ 和 5.65 MJ;女孩分别为 4.4 MJ、4.8 MJ 和 5.4 MJ。

蛋白质是幼儿生长发育的重要营养素,幼儿需要用蛋白质构成新的组织,因此幼儿需要的每日每公斤体重的蛋白质比成人多，而且要求有较多的优质蛋白质。幼儿每日需要供应蛋白质平均为 35～45 g。

脂肪是人体内重要的供能物质，摄取合理的脂肪量有利于脂溶性维生素的吸收。幼儿期脂肪代谢很不稳定，体内储存的脂肪容易消耗，如果脂肪供给不足，就会发生营养不良，导致生长迟缓和各种脂溶性维生素缺乏症。

幼儿期各种矿物质的需要量与婴儿期的需要量大体平衡，幼儿必需而又容易缺乏的矿物质主要有钙、铁、锌。我国推荐幼儿钙的每天适宜摄入量为 600 mg，可以食用奶及其制品、大豆制品、牛乳粉、蛋类、虾皮、绿叶菜等富含钙的食物。幼儿期缺铁性贫血很常见，我国推荐 1～3 岁幼儿铁的适宜摄入量为 12 mg，幼儿应补充含铁食物，如蛋黄、猪肝、猪肉、牛肉和豆类等。我国对 1～3 岁幼儿锌每天推荐摄入量规定为 9 mg，锌最好的食物来源是蛤贝类、动物内脏、蘑菇、坚果类、豆类、肉和蛋。

幼儿生长发育离不开对各类维生素的摄取。其中维生素 A、维生素 D 的摄入较为关键。1～3 岁幼儿每天维生素 A 推荐摄入量为 500 μg，动物性食物如肝、肾、蛋类和奶油等含量丰富，胡萝卜、红薯、黄瓜、西红柿、菠菜、橘子、香蕉等维生素 A 的含量也较丰富。但是要避免维生素 A 过量引发中毒。幼儿是维生素 D 缺乏的易感人群。维生素 D 的膳食来源较少，主要来源于户外阳光照射皮肤，由 7-脱氢胆固醇转变为维生素 D。我国幼儿每天维生素 D 的参考摄入量为 10 μg（400IU）。为了防止维生素 D 缺乏，幼儿也可适量补充含维生素 D 的鱼肝油。

幼儿对水的需要量与能量的需要相关，年龄越小需水量越大。

幼儿期饮食的主要特点是从婴儿期以乳类为主，食物为辅，转变为以食物为主，乳类为辅。饮食的烹调方法及采用的食物也越来越接近家庭一般饮食。但这种改变与幼儿消化代谢功能的逐步完善相适应，不能操之过急，以免造成消化吸收紊乱。一般应遵循以下原则：

膳食所提供的各种营养素要符合幼儿生长发育的需要，食物要多样化，各种营养素要合理搭配，保持平衡。中国营养学会推荐三大供能生热比为：蛋白质 12%～15%，脂肪 30%～40%，碳水化合物 45%～55%。如断乳后只给幼儿白粥或白饭泡菜汤，则蛋白质、脂肪供应不足，生长发育增长迟缓，抗病力也低。如只注意多供给幼儿蛋、乳、肉类等高蛋白食物，则碳水化合物供应不足，往往不能保证能量需要。有些幼儿很少吃蔬菜、水果。则会引起钙、铁等矿物质和维生素缺乏。总之，幼儿饮食构成应做到数量足、质量高、品种多、营养全。

食品还要注意粗细、荤素调配，使幼儿通过视觉、味觉、嗅觉等感官传入大脑食物神经中枢引起反射，从而刺激食欲，促进消化液分泌，增进消化功能。幼儿的食物应单独制作，烹调要照顾到幼儿的进食和消化能力，注意质地的细、小、烂、碎、软，烹调方式宜采用清蒸、水煮、煲炖，口味要清淡，不宜添加酸、辣、麻等刺激性的调味品，也避免放味精、鸡精和糖精。

要培养幼儿良好的饮食习惯：不挑食、不偏食，吃饭精神要集中。饮食要定时、定量，食物在胃内停留时间为 4～5 h，所以每餐的间隙以 4～5 h 为宜。3 岁以上幼儿，每日可进三餐两点。一般可安排早、中、晚三餐，在两次正餐之间应有加餐。

幼儿在清晨胃内已基本排空，食欲正旺，就应当用早饭，而不是早点，早餐应热量充足、营养丰富，干稀搭配，主食可安排小馒头、小花卷、摊软饼、鸡蛋等。稀食可安排牛奶、稀粥、豆浆等。营养量占全天营养量的 25%～30%。午餐比早餐和晚餐更丰富一些，主食可吃米饭、馒头、饺子、面条。副食可加适量的肉、肝、青菜。饭后可喝些骨头或青菜汤。营养量占全天营养量的 35%。晚餐以面食为主，少用高糖和肥厚的动物性食品，以免热量蓄积导致肥胖或蛋白质过量刺激神经系统使睡眠失常，而应多用些植物性食品，特别是多吃些蔬菜、水果。每晚应让婴儿喝一杯牛奶，有助于睡眠。营养量占全天营养量的 30% ~ 35%。

二、学龄前儿童的营养与膳食

（一）学龄前儿童的生理特点

小儿 3 周岁以后到 6 ~ 7 岁进入小学这段时间称之为学龄前期。与婴幼儿相比，学龄前期生长发育速度减缓，但仍然保持稳步地增长，脑及神经系统进一步发育，3 岁时神经细胞的分化已经基本完成，但脑细胞体积的增大及神经纤维的髓鞘仍然继续进行。4 ~ 6 岁时，脑组织达到成人脑重的 86% ~ 90%。三岁儿童 20 颗乳牙已出齐。6 岁时第一颗恒牙可能萌出，但咀嚼能力达到成人的 40%，消化能力也仍有限，尤其是对固体食物需要较长时间适应，不能过早的食用和成人一样的膳食。与成人相比，学龄前儿童仍然处于迅速生长发育之中，加上活泼好动，会需要更多的营养。这个年龄段的孩子受到外界影响很多，会出现挑食厌食不爱吃饭等。

（二）学龄前儿童的营养需要

水是人类赖以生存的重要条件。各种营养素在人体内的消化、吸收、运转和排泄，都离不开水；水还是构成人体组织的主要成分；水还能调节体温，并能止渴。儿童每天水的周转比成人快，有利于排出体内的代谢物；但对缺水的耐受力较差，比成人容易发生水平衡失调。当水的摄入量不足时，则可发生脱水现象；反之，当摄入的液量过多，则又可能发生水肿。学龄前儿童每日每千克体重对水的需要量为 90 ~ 100 mL。腹泻、呕吐时排水量增多，对水的需要量也相对增多。

热能是维持人体各种生理功能的重要因素，对于学龄前儿童来说，热能主要用于维持基础代谢、生长发育、活动等方面的需要。由于儿童基础代谢率比成人高，所需热能也相对较多。学龄前儿童平均每日每千克需要 418 kJ 热能，所需热能由三大营养素提供。这三种营养素的适宜比例为：蛋白质占 10% ~ 15%，脂肪占 25% ~ 35%，碳水化合物占 50% ~ 60%。一般来说，每增加 1 g 体重，需要摄入 19.98 kJ 的热能。如果膳食热能供给不足，儿童的生长发育就会迟缓，甚至停顿。热能供给过多，又可能导致儿童肥胖症的发生。

脂肪主要供给机体热能，帮助脂溶性维生素吸收，构成人体各脏器、组织的细胞膜。学龄前儿童正处在生长发育期，需要的热能相对高于成人。膳食中供给足量的脂肪，可缩小食物的体积，减轻胃肠负担。如果以蛋白质和碳水化合物代替脂肪，都将过分增加胃肠负担，甚至导致消化功能紊乱。膳食中脂肪缺乏，儿童往往体重不增、食欲差、易感染、皮肤干燥，甚至出现脂溶性维生素缺乏病；但热能摄入过多，特别是饱和脂肪酸摄入过多，体内脂肪储存就要增加，就会造成肥胖。日后患动脉粥样硬化、冠心病、糖尿病等疾病的凶险性就会增加。

脂肪来源有动物脂肪和植物油。植物油必需脂肪酸含量高，熔点低，常温下不凝固，容易消化吸收。动物油以饱和脂肪酸为主，含胆固醇较高。

碳水化合物是供给机体热能量经济的营养素，也是体内一些重要物质的重要组成成分；它还参与帮助脂肪完成氧化，防止蛋白质损失；神经组织只能依靠碳水化合物供给，碳水化合物对维持神经系统的功能活动有特殊作用。

膳食中碳水化合物摄入不足可导致热能摄入不足，体内蛋白质合成减少，机体生长发育迟缓，体重减轻；如果碳水化合物摄入过多，导致热能摄入过多，则造成脂肪积聚过多而肥胖。

粮谷类、薯类、杂豆类（除大豆外的其他豆类）等碳水化合物含量丰富，除含有大量淀粉外，还含有其他营养素，如蛋白质、无机盐、B 族维生素及膳食纤维等。因此，在安排儿童膳食时，选用谷类、薯类和杂豆类食品既能提供碳水化合物，又能补充其他营养素。

蛋白质由多种氨基酸组成，它是构成细胞组织的主要成分，是儿童生长发育所必要的物质。学龄前儿童正处于生长发育的关键时期，每天应供给足量的蛋白质，一般每天需 45 ~ 55 g。对学龄前儿童来说，其热量需要量每日约为 6688 kJ，则蛋白质的供热量最好能达到每日 836 kJ。

除了保证膳食中有足够的蛋白质量以外，还应尽量使膳食蛋白质的必需氨基酸含量和比例适合儿童的需要，这就是说还要注意孩子饮食中蛋白质的质量。这就要求膳食中，动物性蛋白质和大豆类蛋白质的量要占蛋白质总摄入量的1/2。可从鲜奶、鸡蛋、肉、鱼、大豆制品等食物中摄取。其余所需的 1/2 蛋白质可由谷类食物提供。

维生素是人体内含量很少的一类低分子有机物质，但对维持人体正常生理功能有极其重要的作用。学龄前儿童特别需要以下维生素：

1. 维生素 A 和胡萝卜素

维生素 A 能促进儿童的生长发育，保护上皮组织，防止眼结膜、口腔、鼻咽及呼吸道的干燥损害，有间接增加抵抗呼吸道感染的能力。还可维持正常视力，防止夜盲症的发生。 维生素 A 主要存在于动物和鱼类的肝脏、脂肪、乳汁及蛋黄内。有色蔬菜和水果，如胡萝卜、菠菜、杏、柿子等含胡萝卜素较多，胡萝卜素在人体内可转化成维生素 A。但过多服用维生素 A 制剂可造成体内积蓄，导致中毒。

2. 维生素 D

维生素 D 的主要生理功能为调节钙、磷代谢，帮助钙的吸收，促进钙沉着于新骨形成部位。儿童如果缺乏维生素 D，容易发生佝偻症及手足抽搐症。维生素 D 主要存在于动物肝脏、蛋黄等食物中。植物中的麦角固醇及人体皮肤、脂肪组织中的 7-脱氢胆固醇通过暴露于阳光下的紫外线作用，可形成维生素 D。

学龄前儿童维生素 D 的需要可由食物提供，通过户外阳光照射，也可产生维生素 D。为了预防维生素 D 缺乏，应让孩子多晒太阳。

3. 维生素 B_1

维生素 B_1 能促进儿童生长发育，调节碳水化合物代谢。缺乏维生素 B_1 时，儿童生长发育迟缓，出现神经炎、脚气病（皮肤感觉过敏或迟钝、肌肉运动功能减退、心慌气短、全身水肿或急性心力衰竭）等。

学龄前儿童需要每天从食物中补充维生素 B_1。谷物的胚和糠麸、酵母、硬果、豆类、瘦肉等，都是维生素 B_1 的良好来源，尤其是粮食的表皮含维生素 B_1 丰富。

4. 维生素 B_2

维生素 B_2 对氨基酸、脂肪、碳水化合物的生物氧化过程及热能代谢极为重要。缺乏维生

素 B_2 时儿童生长发育受阻，易患皮肤病、口角炎、唇炎等。

学龄前儿童需要每天从食物中补充维生素 B_2。维生素 B_2 可从动物肝脏、奶类、蛋黄、绿叶蔬菜中获取。

5. 维生素 B_6

维生素 B_6 对于维持细胞免疫功能、调节大脑兴奋性有重要作用。维生素 B_6 可从肉、鱼、奶类、蛋黄、酵母、动物肝脏、全谷、豆类、花生等食物摄入。

6. 维生素 C

维生素 C 具有氧化还原能力，参与多种生物效应。缺乏维生素 C 会引起坏血病、牙质发育不良等。维生素 C 可从新鲜蔬菜和水果中摄取。

此外，学龄前儿童对钙、铁、锌、碘等也有程度不同的需要，在饮食营养中应予重视。建议每周进食一次猪肝或猪血（铁），一次富含碘、锌的海产品，含钙丰富的食物主要有奶类、大豆制品、海带、芝麻酱等。

三、学龄儿童营养与膳食

（一）学龄儿童的生理特点

儿童少年时期是由儿童发育到成年人的过渡时期，可以分为 6～12 岁的学龄期和 13～18 岁的少年期或青春期，这个时期正是他们体格和智力发育的关键时期。

学龄儿童生长发育旺盛，活泼好动，肌肉系统发育特别快，对能量、蛋白质的需要量很大。儿童生长发育是快慢交替的，一般 2 岁以后，保持相对平稳，每年身高增长 4～5 cm，体重增加 1.5～2.0 kg。当女孩到 10 岁，男孩到 12 岁时起，生长发育突然增快，身高年增长率为 3%～5%，体重年增长率为 10%～14%，年增重 4～5 kg，个别达 8～10 kg。约 3 年之后，生长速度又减慢。因为学龄儿童的后期正是处于生长发育的高峰期，故对各种营养素的需要量大大增加。在生长发育过程中，各系统发育是不平衡的，但需统一协调。例如，出生时脑重为成人脑重的 25%，6 周岁时已达 1200 g，为成人脑重的 90%，之后虽仅增加 10%，但脑细胞的结构和功能却进入复杂化的成熟过程。生殖系统在 10 岁前，几乎没有发育，而 10 岁后即开始迅速发育。因此，各统的生长发育是互相影响、互相适应的。任何一种因素作用于机体，都可影响到多个系统，如适当进行体育锻炼，不但促进肌肉和骨骼系统的发育，也促进呼吸、心血管和神经系统的发育。而生长发育的物质基础就是各种营养素。质量优良、数量充足的营养素是儿童身心发育的基本保证。

（二）学龄儿童营养与膳食

学龄儿童有课业负担及纪律约束，易于精神紧张使食欲受影响。此外生活节奏往往与成人相同，但胃容纳量小，消化能力未完全成熟，因此要特别注意营养素的摄入。

1. 供给合理平衡膳食

学龄儿童对铁、维生素 A、锌需要量大，容易缺乏，要注意补充铁、维生素 A 和锌。在热能充分供给的前提下，应注意蛋白质的质与量，做好荤素、粗细搭配，防止过度食用零食、甜食。在日常膳食中，多搭配不同的食物种类，有助于各类营养素的均衡。此外，可通过变换烹调方法，提高食物的色香味，增进孩子食欲，减低孩子挑食程度。

2. 做好一日三餐膳食安排

一日三餐营养素供给比为 3∶4∶3，尤其保证吃好早餐。学龄儿童最突出的问题是早餐摄入不足，导致因饥饿而注意力不能集中，学习效率降低，影响生长发育。学生一般上午学习比较紧张，应注意早餐的数量和质量，尽可能吃饱吃好。尤其注意早餐热能、蛋白质的摄入，使早餐供热占一日总热能的 30%；除主食外，可适当增加乳类、蛋类或豆制品、青菜、肉类等富含蛋白质及维生素的食品，以保证儿童上午充足的营养与充沛的精力。早晨刚起床食欲一般不高，可采用干稀搭配，如面包或包子加牛乳、豆浆或稀饭，再吃一个鸡蛋，一些肉松或豆制品等以补充蛋白质。若早餐不能达到营养要求，也可在上午第二节课后增加一次课间餐，课间餐可由一个小面包或糕点加一杯牛乳组成，既可补充水分，又可供给能量、优质蛋白质和钙。午餐热能占全日的 35% ~ 40%，其他营养素的 1/2；晚餐热能占 30% ~ 35%。

3. 培养良好的饮食习惯

饮食要定时定量；进食要细嚼慢咽，注意力集中，不要边吃边看电视、玩游戏；不挑食、不偏食、不厌食，不吃零食。饮用清淡饮料，控制食糖的摄入。

四、青少年营养与膳食

（一）青少年的生理发育特点

青少年是介于儿童期与成年期的一个阶段，该期包括青春发育期及少年期，年龄跨度通常女性从 11 ~ 12 岁开始到 17 ~ 18 岁，男性从 13 ~ 14 岁开始至 18 ~ 20 岁，相当于初中和高中学龄期。青少年时期的生长速度在人的一生中仅次于婴儿期，此期体格发育速度加快，尤其是在青春期，身高、体重突发性增加，身高每年可增加 5 ~ 7 cm，个别的可达 10 ~ 12 cm；体重年增长 4 ~ 5 kg，个别可达 8 ~ 10 kg。

青春发育期被称为生长发育的第二高峰期，此期生殖系统迅速发育，第二性征逐渐明显，各个器官逐渐发育成熟，思维能力活跃，记忆力最强，是人的一生中长身体、长知识的最重要时期，其生长速度、性成熟程度、学习能力、运动成绩和劳动效果都受营养状况的影响，因此，充足的营养是此期体格及性征迅速生长发育获得知识的物质基础。

（二）青少年的营养与膳食

1. 能　量

青少年生长发育速度很快，活动量较大，所需的能量也相应增加。一般男性能量需求要高于女性，年龄愈大，所需能量愈多。中国营养学会推荐青少年能量摄入量（RNI）为：女生 8.32 ~ 10.04 MJ/d，男生 8.80 ~ 12.13 MJ/d。生长发育需要的能量占总能量的 25% ~ 30%，供给的能量既要满足生长发育所需，又要防止过多造成超重与肥胖。

2. 蛋白质

青少年的机体组织器官发育迅速，需要摄入充足的蛋白质。蛋白质是体重增加的物质基础，尤其是在性成熟期及男孩肌肉发展过程中。青少年摄入蛋白质的目的是用于合成自身的蛋白质以满足迅速生长发育的需要。蛋白质的摄入不足，可能导致青少年发育迟缓、消瘦。摄入过多尤其是动物性蛋白摄入过多可能导致体内胆固醇水平的升高，也会增加肾脏的负担。此期一般体重增加 30 kg，其中约 16% 为蛋白质。在蛋白质来源上，要注意优质蛋白质的摄入。中国营养学会建议青少年蛋白质提供的能量应占膳食总能量的 12% ~ 14%，推荐摄入量为：男生 70 ~ 85 g/d，女生 65 ~ 80 g/d，其中一半应为优质蛋白质。此外，生长发育的机体对必需氨基酸要求较高，如成人需要赖氨酸 12 mg/kg·d，而青少年则需要 60 mg/kg·d。因此，供给的蛋白质中来源于动物和大豆的蛋白质应达 50%，以提供较丰富的必需氨基酸，提高食物蛋白质体内的利用，满足其生长发育的需要。

3. 脂　类

青少年处于生长发育的高峰期，脂类可以提供能量和必需脂肪酸。但脂肪摄入过多会增加肥胖、心血管疾病、高血压发生的风险，脂肪提供的能量应占总能量的 25% ~ 30%。

4. 碳水化合物

碳水化合物的适当摄入将能保证稳定的血糖水平和能量供应。但应避免摄入过多低分子食用糖，高糖食品应少吃。碳水化合物提供的能量应占总能量的 50% ~ 65%。

5. 矿物质

青少年时期体格生长迅速，矿物质尤其是钙、铁的需求量很大。充足的钙摄入有助于提高骨密度峰值，而摄入不足可能导致新骨结构异常，骨钙化不良。青少年钙适宜摄入量（AI）为 1000 mg/d，可耐受最高摄入量（UL）为 2000 mg/d。铁供给不足时可引起缺铁性贫血。伴随第二性征的发育，女生出现月经初潮，铁丢失增加，铁的供应量应高于男性。铁的适宜摄入量（AI）为：女性 18 ~ 25 mg/d，男性 16 ~ 20 mg/d，男女性可耐受最高摄入量（uL）均为：50 mg/d。锌的推荐摄入量（RNI）为：女性 15.0 ~ 15.5 mg/d，男性 18.0 ~ 19.0 mg/d，可耐受最高摄入量为 800 mg/d。碘摄入过多可能导致高碘性甲状腺肿。

6. 维生素

青少年尤其是男孩，其能量代谢的增加和肌肉组织的发展需要大量的 B 族维生素，如不及时补充，则易导致 B 族维生素缺乏症。另外，还应注意维生素 C 和维生素 A 的补充。

为满足青少年的营养需要，食物选择应按以下原则进行：

（1）饮食多样化，谷类为主，米面是基本食物。每日 400 ~ 500 g 谷类主食为青少年提供 55% ~ 60% 的能量、约一半的维生素 B_1 和烟酸。

（2）在热能供给充分的前提下，注意保证蛋白质的摄入量和利用率，膳食中应有充足的动物性和大豆类食物，肉、禽、鱼、虾类交替选用。注意主副食搭配，每餐有荤有素或粮豆菜混食，以充分发挥蛋白质的互补作用。少吃肥肉、糖果和油炸食品，不能盲目减肥。同时应加强体力活动。

（3）选择天然食品，经常供给有色蔬菜瓜果，以保证各种维生素、无机盐及膳食纤维供给。少搭配烧、烤、煎、炸等油腻食物。

（4）有条件的地区，应设法选用富钙和优质蛋白质的鲜牛羊奶。

（5）摄入盐量要适当，每日应控制食盐在 10 g 以下为宜。烹调用油人均 25 g/d，植物油为主。

（6）要保证吃好早餐，注意早餐中蛋白质和热能的供给量，如早餐达不到要求，可在课间加餐给予补充。

（7）培养良好的饮食习惯，要定时定量，使胃肠负担均衡，使进食时间成为条件刺激食物中枢，使大脑皮层形成动力定型，引起良好食欲，促进食物正常消化、吸收。不乱吃零食，不偏食、不暴饮暴食，避免盲目节食。吃饭要细嚼慢咽，保证充分的进食时间。

（8）每次进餐适当，一般以一日三餐制度较为合理，各餐间隔 4～6 h，有必要可增加课间餐。青少年每日搭配如下：

粮谷类 400～500 g，蔬菜类 400～450 g，水果类 150～200 g，畜禽肉及鱼虾类 125～150 g，鸡蛋 1 个，奶类及制品 100 g，大豆制品适量 50 g，烹调用油 25 g。通常男孩活动量高于女孩，各种营养素的供给量均高于女孩。各餐热量分配主要由活动情况和食量决定。

一般早餐热量占 30%、午餐热量占 40%、晚餐热量占 30%。每次进餐时间 20～30 min，餐后休息 0.5～1 h 再开始学习和体力活动，体力活动后至少休息 10～20 min 再进餐。晚餐离睡前至少 1.5～2 h。含蛋白质、脂肪丰富的食物应安排在早餐、午餐；晚餐则配以蔬菜和谷类食物。学生在考试期间，应多供给优质蛋白质和脂肪，特别是卵磷脂和维生素 A、维生素 B_1、维生素 B_2 和维生素 C，以满足复习和考试期间学生高级神经系统紧张活动下的特殊消耗。

长期不吃早餐易患胆结石、高胆固醇、胃炎和消化性溃疡。因为合理早餐促使胆汁排泄，避免胆囊内胆汁沉积，并带走胆固醇，所以有助于防治胆结石和高胆固醇血症。不吃早餐，空腹时间过长，胃酸分泌紊乱，容易对胃黏膜造成伤害，引起胃炎、溃疡等。

五、老年人的营养与膳食

（一）老年人的生理代谢特点

（1）消化系统明显改变：老年人牙齿脱落对食物的咀嚼有明显影响；舌表面味蕾易发生萎缩，味觉细胞减少，味觉功能减退，咸味阈值升高；唾液分泌减少，其他消化液、消化酶分泌均减少，胆汁分泌减少，对脂肪的消化能力下降。老年人肝脏体积缩小、血流减少、合成白蛋白的能力下降等均会影响到消化和吸收功能，导致食欲减退。老年人食管蠕动和胃肠道排空速率都减低，使大便通过肠道的时间延长，增加肠道对水分的吸收，使大便变硬，因此经常发生便秘。

（2）代谢功能减退：与中年人相比，老年人基础代谢下降 10%～20%。而且合成代谢降低，分解代谢增高，合成与分解代谢失去平衡，引起细胞功能下降。老年人内分泌功能也相应减弱，甲状腺萎缩，甲状腺素分泌减少，胰腺萎缩，胰岛素分泌不足，影响机体代谢，常发生高血糖症或糖尿病。老年人钙代谢、肌肉组织功能均下降，肌肉萎缩，组织水分减少，骨中有机物减少，矿物质过度沉着，骨质密度降低，易发生不同程度的骨质疏松及骨折。

（3）免疫功能明显下降：老年人胸腺萎缩、重量减轻，T 淋巴细胞数目明显减少，血中免疫球蛋白 G 下降，细胞免疫和体液免疫功能下降，易患各种疾病。

（4）器官功能改变：老年人心脏功能、脑功能、肾功能及肝代谢能力均随年龄增高而有不同程度的下降。肝的解毒和蛋白合成功能下降；心率减慢，心排出量减少，血管硬化，血栓形成，血压升高；记忆力减退，易疲劳，动作缓慢。

（5）机体成分改变：老年人脂肪组织逐渐增加，脂肪在体内向心性分布，即由肢体逐渐转向躯干。

（6）体内氧化损伤加重：人体组织的氧化反应可产生自由基。自由基对细胞的损害主要表现为对细胞膜的损害，形成脂质过氧化产物，主要有丙二醛和脂褐素，脂褐素是一种具有荧光性的褐色色素，是机体老化的标志之一。该色素在皮肤细胞堆积，则形成老年斑，在脑及脊髓神经细胞中沉积，则会出现记忆力减退或引起神经功能 障碍、老年痴呆症等。

（二）老年人的营养需要

1. 宏量营养素

老年人碳水化合物需要逐渐降低，因此老年人不宜进食大量的碳水化合物，以免出现血糖波动等不良反应，有冠心病的老年人更应该注意晚上不宜大量进食，多食用水果以及含膳食纤维多的蔬菜和粗杂粮以防便秘，减少肠道疾病的发生。

老年人蛋白质宜选优质蛋白，大豆的蛋白质含量高，质量好，豆浆、豆腐、豆干、豆腐皮等是较好的来源。老年人蛋白质摄入量占总热能的 14% ~ 15%，其比例不应超过总热能的 20%。补充蛋白质时，应注意肝肾功能，如有肝功能不好，或有氮储留时，应限制蛋白质摄入。

血液中的卵磷脂、游离脂肪酸和甘油三酯均随年龄的增大而增高，使老人患心脑血管疾病的风险增加，食用过多脂肪会影响食欲和消化，并引起腹泻。老年人应少食饱和脂肪酸、胆固醇高的食物，日常烹饪中宜选用植物油，避免食用动物油，老年人代谢能力较差，容易引起餐后血脂增高，故用餐时将脂肪分配到各餐中，不要过于集中。老年人胆汁酸减少，脂酶活性降低，消化功能下降，脂肪热比以 20% 为宜，食用油脂 20 ~ 25 g/d。

老年人的基础代谢率降低，热能消耗降低和体力劳动减少，热量需要量减少，热能供给应根据每个人的生活特点、饮食习惯、体力活动程度和身体情况逐步加以调整，61 岁以后应较青年时期减少 20%，70 岁以后应减少 30%，每日热能摄入 6 720 ~ 8 400 kJ 即可满足机体需要。

2. 无机盐与微量营养素

老年人对铁的吸收能力、造血机能降低，维生素 C 及微量元素不足等使老年人发生不同程度的贫血，老年人宜摄入动物性铁和维生素 C，选择含铁丰富的食物，如瘦肉、动物肝脏、黑木耳、紫菜、菠菜、豆类等以促进铁的吸收。但老年人补铁要慎重，因过多铁离子可产生自由基，而引起衰老癌症。

老年人由于体内胃酸较少消化吸收功能减退，钙吸收能力低，户外活动少，维生素 D 与钙不足，易出现骨质疏松症与骨折、故老年人应选择豆制品以及花生、核桃、乳及乳制品等含钙较高的食物，但不宜过多，以免引起血钙升高，肾结石及内脏钙化。

锌是人体必需的一种微量元素，是维持正常免疫功能所必需的。血中锌含量低可导致行动迟缓，发生感染性疾病、记忆力减退、无力、畏寒、齿落等综合性衰老现象。很多老年人在缺锌的情况下味蕾减少并萎缩，对食物的酸甜感觉反应迟钝，尤其对咸味的感受退化厉害，约为年轻人的 11 倍，导致食欲下降，故有些老年人为了使食物好吃多放盐，使饭菜过咸，增加了高血压的发生危险。我国成人锌的需要量为 15 ~ 20 mg/d，而老年人平均摄取量只有 4 ~ 7 mg/d。适量补锌，增加味蕾对食物的敏感性，可多吃鱼、牛、羊肉、牡蛎肉、核桃、榛子、香菇等含锌高的食物，增加食欲，确保有足够的锌量摄入，避免营养不良的发生。

3. 其他营养需要

老年人发病多与维生素不足有关，要适量补充维生素 A 可减少皮肤干燥和上皮角化，β-胡萝卜素是维生素 A 的重要来源，能够清除过氧化物，预防肺癌，增加免疫力。B 族维生素能增加老年人的食欲。维生素 E 有抗氧化作用，防衰老及防癌作用，推荐日摄入量为 30 mg/d。维生素 C 可防止动脉硬化抗衰老，推荐日摄入量为 100 mg/d。

人体水分的总量随年龄的增高而减少，失水 10%会影响机体功能，失水 20%即可威胁人的生命。如果水分不足再加上老年人结肠直肠的肌肉萎缩肠道中黏液分泌减少，很易发生便秘，严重时还可发生电解质失衡等；但过多的饮水也会增加心肾功能的负担，因此老年人每日饮水量（除去饮食中的水）一般以 1500 mL 左右为宜，饮食中可适当增加汤羹食品，既能补充营养又可补充相应的水分。老年人应少盐，一般以 5 g/d 为宜。

纤维素利于消化和肠的蠕动，避免便秘，利于防止肠癌及降低胆固醇，减少冠心病糖尿病与肥胖病的发病机会，故老年人要增加食物纤维的摄入，但考虑到大量的食物纤维，会降低蛋白质、钙、锌、铜等营养素的吸收，故食物纤维总的摄入量不宜过高，多吃粗杂粮及新鲜蔬菜水果即可。

老年人的膳食要保持各营养素之间的数量平衡，食物应多样化，少食多餐，适当在晨起餐间加一些点心、牛奶做补充，数量不宜过多，切忌暴饮暴食，尤其是晚餐不宜过饱。在食物烹调加工时要软而烂，清淡少盐，多采用煮、炖、蒸、熬等方法，有利于食物的消化吸收，还要有良好的食品感官形状，以刺激食欲。不能过度饮酒，要戒烟或控制吸烟，适当进食一些具有延年益寿防老抗衰的食物，在安静愉快的环境中进食。

参考文献

[1] 蔡东联. 实用营养师手册[M]. 北京: 人民卫生出版社, 2009.

[2] 蔡威, 邵玉芬. 现代营养学[M]. 上海: 复旦大学出版社, 2010.

[3] 马凤楼, 许超. 近五十年来中国居民食物消防与与营养、健康状况回顾[J]. 营养学报, 1999, 21（3）: 249-257.

[4] 中国营养学会. 我国营养科学研究的进展[J]. 营养学报, 1995, 17（3）: 243-252.

[5] 孙远明, 余群力. 食品营养学[M]. 北京: 中国农业大学出版社, 2002.

[6] 李铎, 李玲. 新世纪对营养学的展望[J]. 浙江师范大学学报: 自然科学版, 2007, 30(1): 100-102.

[7] BEAUMAN C, CANNON G, ELMADFA I. The principles, definition and dimensions of the new nutrition science[J]. Public Health Nutr, 2005, 8(6A): 695-698.

[8] GARDNER M L G. Glastrointestinal absorption of intact proteins. Annu Rev utr, 1998, (8): 329-350.

[9] 刘波, 刘芳, 范志红, 等. 稻米碳水化合物消化速度影响因素的研究进展[J]. 中国粮油学报, 2006, 21(4): 11-15.

[10] 张蓉, 刁其玉. 不同碳水化合物对犊牛消化生理功能影响的研究进展[J]. 中国奶牛, 2007(9): 10-12.

[11] 赵功玲, 师玉忠. 膳食纤维生理功能的研究进展[J]. 食品研究与开发, 1999(4): 51-53.

[12] 曾翔云. 维生素 C 的生理功能与膳食保障[J]. 中国食物与营养, 2005(04): 52-54.

[13] 金锋. 认识维生素 C[J]. 中国食物与营养, 2006(01): 47-48.

[14] 闫敏, 葛卫红. 维生素 C 的临床应用进展[J]. 西藏医药志, 2003(01): 30-31.

[15] 朱永洙. 维生素 C 的配伍禁忌探析[J]. 中国医药指南, 2014(28): 398-399.

[16] 周勇, 郭钦丽, 杨唐健, 等. 分析研究维生素 C 对患者部分检验项目结果的影响[J]. 当代医学, 2014(26): 132-133.

[17] 陈国烽, 王亚军. 维生素 C 在新陈代谢中的生理功能[J]. 中国食物与营养, 2014, 20(1): 71-74.

[18] 李靖. 维生素的生理功能及抗癌作用[J]. 河南科技大学学报: 医版, 1999(3): 12-19.

[19] 于平. 天然维生素 E 的开发及应用前景[J]. 中国食品工业, 2001(5): 49-50.

[20] 尤新. 天然维生素 E 的生理功能和开发前景分析[J]. 中国食品添加剂, 2000(4): 30-33.

[21] 高倩, 刘扬. 中国人群维生素 D 缺乏研究进展[J]. 中国公共卫生, 2012, 28(12):

1670-1672.

[22] 焦艳. 维生素的合理应用[J]. 医学信息(上旬刊), 2010, 23(10): 3882-3883.

[23] 文杰. 维生素E和维生素C生理功能的相互关系[J]. 中国畜牧兽医, 1995(1): 6-9.

[24] 王立, 段维, 钱海峰, 等. 糙米食品研究现状及发展趋势[J]. 食品与发酵工业, 2016, 42(2): 236-243.

[25] 张永军. 矿物质与健康[J]. 中国保健食品, 2005: 32-33.

[26] 唐丽. 矿物质元素与人体健康[J]. 新疆职业大学学报, 2002, 10(4): 94-96.

[27] 董晓蕙. 水中部分微量元素对人体的作用的影响[C]. 全国工业与环境流体力学会议, 1995.

[28] 王在民, 陆瑞芳, 徐达道. 山东清泉寺矿泉水中矿物质与健康关系的调查研究[C]. 中国营养学会营养资源学术会议, 1989.

[29] 王淑芝, 孟淑芳, 石学明. 试谈蛋白质与人体健康[N]. 医药养生保健报, 2005-12-13.

[30] 杨月欣. 21世纪膳食营养指南——食物中的矿物质与健康[M]. 北京: 中国轻工业出版社, 2002.

[31] 陈寿祺. 生物潜能 营养素代谢完全 易缺矿物质与健康长寿[C]. 中国老年学学会老年学学术高峰论坛, 2006.

[32] 王柏玲, 于昕平, 郭敏哲, 等. 2965例入托儿童健康状况与矿物质关系的分析[J]. 中国妇幼保健, 2006, 21(21): 3029-3030.

[33] 中华医学会. 维生素矿物质补充剂在保持孕期妇女和胎儿健康中的应用: 专家共识[J]. 中华临床营养杂志, 2014, 22(1): 60-66.

[34] 王在民, 陆瑞芳, 徐达道. 清泉寺矿泉水中矿物质与人群健康关系的研究[J].

[35] 环境与健康杂志, 1991(3): 111-114.

[36] 边同华, 陈启瑞. 蛋白质与健康[N]. 光明日报, 2002-12-13.

[37] 王炜, 张伟敏. 单不饱和脂肪酸的功能特征[J]. 中国食物与营养, 2005, 4: 44-46.

[38] 张洪涛, 单雷, 毕玉平. N-6和n-3多不饱和脂肪酸在人和动物体内的功能关系[J]. 山东农业科学, 2006, 2: 115-120.

[39] WIEGAND R D, KOUTZ C A, SINSON A M, et al. Conservation of docosahexaenoic acid in rod outer segments of rat retina during n-3 and n-6 fatty acid deficiency[J]. J. Neurochem, 1991, 57: 1690-1699.

[40] INNIS S M. Essential. fatty acid in growth and development[J]. Prog. lipid Res, 1991, 30: 39-103.

[41] MEGUID N A, ATTA H M, GOUDA A S, et al. Role of polyunsaturated fatty acids in the management of Egyptian children with autism[J]. Clinical Biochem, 2008, 41(13): 1044-1048.

[42] 陈银基, 周光宏, 徐幸莲. N-3多不饱和脂肪酸对疾病的预防与治疗作用[J]. 中国油脂, 2006, 31(9): 31-34.

[43] 欧薇, 孙月吉, 李凤光, 等. 注意缺陷多动障碍与多不饱和脂肪酸的关联性[J]. 中国心理卫生杂志, 2008, 22(10): 763-764.

[44] SANDERS T A, LEWIS F, SLAUGHTER S, et al. Effect of varying the ratio of n-6 to n-3 fatty acids by increasing the dietary intake of alpha-linolenic acid, eicosapentaenoic and docosahexaenoic acid, or both on fibrinogen and clotting factors Ⅶ and Ⅻ in persons aged 45-70 y: the OPTILIP study[J]. Am J Clin Nutr, 2006, 84(3): 513-522.

[45] 赵晓燕, 马越. 亚麻酸的研究进展[J]. 中国食品添加剂, 2004(1): 27-29.

[46] 徐章华, 邵玉芬, 住国会. 苏子油对大鼠血脂及血液流变性的影响[J]. 营养学报, 1997, 9(1): 11.

[47] BERRT E M, HIRSH J. Dose dietary linolenic acid influence blood pressure[J]. Am J Clin Nutr, 1986, 44: 336.

[48] HORI T, SATOUCHI K, KOBAYASHI Y, et al. Effect of the dietary alpha-linolenate on platelet-activating factor production in rat peritoneal polymorphonuclear leukocytes[J]. Jimmunol, 1991, 147(5): 1607-1613.

[49] VANSCHOONBEEK K, FEIJGE M A, PAQUAY M, et al. Variable hypocoagulant effect of fish oil intake in humans: modulation of fibrinogen level and thrombin generation[J]. Arterioscler Thromb Vasc Biol, 2004, 24(9): 1734-1740.

[50] 萧家捷. DHA、EPA 的功能综述[J]. 中国食物与营养, 1996, (2): 8-11.

[51] 谢克勤, 陈丽宇. 多烯脂肪酸药理研究综述[J]. 天津药学, 1998, 10(2): 1-5.

[52] 肖玫, 欧志强. 深海鱼油中两种脂肪酸的生理功效及机理的研究进展[J]. 食品科学, 2005, 26(8): 522-525.

[53] RAO C V, SIMI B, WYNN T T, et al. Modulating effect of amount and types of dietary fat on mucosal phospholipase A2, phosphatidylinositol-specific phospholipase C activities and cyclooxygenase metabolite formation during different stages of colon tumor promotion in male F344 rats[J]. Cancer Res, 1996, 56(3): 532-577.

[54] PALAKURTHI S S, FLUCKIGER R, AKTAS H. inhibition of translation initation mediates the anticancer effect of the n-3polyunsaturated fatty acid eicosapentaenoic acid[J]. Cancer research, 2000, 60(11): 2919-2925.

[55] 曾晓雄, 罗泽民. DHA 和 EPA 的研究现状与趋势[J]. 天然产物的研究与开发, 1997, 9(1): 65-70.

[56] PASCALE A W, EHRINGER W D, STILLWELL W, et al. Omega-3 fatty acid modification of membrane structure and function[J]. Nutr Cancer, 1993, 19(2): 147-157.

[57] 马栋柱, 孙克任, 赵丽, 等. 药物 AC-88 的抗肿瘤作用和对菏瘤小鼠 T 细胞的 Fas, NF-kB/I-kB 的影响[J]. 上海: 免疫学杂志, 2002, 22(4): 246-249.

[58] 阮征, 吴谋成, 胡波, 等. 多不饱和脂肪酸的研究进展[J]. 中国油脂, 2003, 28(2): 55-59.

[59] 余纲哲. 幔骨鱼的提取与分析[J]. 食品工业科技, 1994(3): 66-69.

[60] PATTEN G S, ABEYWARDENA M Y, MCMURCHIE E J, et al. Dietary fish oil increases acetylcholine- and eicosanoid-induced contractility of isolated rat ileum[J]. Nutr, 2002, 132(9): 2506-2513.

[61] OSHER Y, BELMAKER R H. Omega-3 fatty acids in depression: a review of three studies[J]. CNS Neurosci Ther, 2009, 15(2): 128-133.

[62] 吴堡杰. 各种脂肪酸与冠心病猝死关系的研究进展[J]. 中国生化药物杂志, 1997, 18(6): 317-320.

[63] 金惠民, 卢建, 殷莲华. 细胞分子病理学[M]. 郑州: 郑州大学出版社, 2002: 210-211.

[64] HUNG P, KAKU S. Dietary effect of EPA rich and DHA rich fish oil on the immune function of sprague-dawley rats[J]. Biosci Biotechnol Biochem, 1999, 63(1): 135-140.

[65] STOLL B A. N-3 fatty acids and lipid peroxidation in breast cancer inhibition[J]. Br Jnutr, 2002, 87(3): 193-198.

[66] 徐天宇. 利用生物技术生产二十碳五烯酸和二十碳六烯酸[J]. 食品与发酵工业, 1962, 22(1): 56-65.

[67] 刘纳新, 陈周浔, 余震, 等. 鱼油对坏死性胰腺炎大鼠胃肠功能的影响[J]. 中华肝胆外科杂志, 2009, 15(5): 534-536.

[68] REN H, GHEBREMESKEL K, OKPALA I, et al. Patients with sickle cell disease have reduced blood antioxidant protection[J]. Int J Vitam Nutr Res, 2008, 78(3): 139-147.

[69] PAWLAK K, PAWLAK D, MYSLIWIEC M, et al. Oxidative stress effects fibrinolytic system in dialysis uraemic patients[J]. Thromb Res, 2006, 117(5): 517-522.

[70] 刘汉江. 培烤工业实用手册[M]北京: 中国轻工业出版社, 2003: 61-62.

[71] 王淑芝, 孟淑芳, 石学明. 试谈蛋白质与人体健康[N]. 医药养生保健报, 2005-12-13.

[72] 易美华. 食品营养与健康[M]. 北京: 轻工业出版社, 2000.

[73] 王维群. 营养学[M]. 北京: 高等教育出版社, 2003.

[74] 中国营养学会. 平衡膳食宝塔及其应用[M]. 北京: 中国轻工业出版社, 2000.

[75] 中国营养学会. 中国居民膳食指南[M]. 北京: 中国轻工业出版社, 1998.

[76] 中国营养学会. 中国居民膳食营养素参考摄入量[M]. 北京: 中国轻工业出版社, 2000.

[77] 薛建平. 食物营养与健康[M]. 合肥: 中国科学技术大学出版社, 2004.

[78] 贾冬英, 姚开. 饮食营养与食疗[M]. 成都: 四川大学出版社, 2004.

[79] 胡承康; 白玉成. 食品营养与食品卫生监管并重应对食品安全"双重挑战"探讨. 中国食品卫生杂志, 2010, 22(5): 427-430.

[80] 陈义凤, 游海. 食品营养与营养食品[J]. 南昌大学学报: 工程技术版, 1994(2): 14-17.

[81] 宋学岐, 刘海青. 黑木耳对中老年疗养员高脂血症的干预效果[J]. 实用医药杂志, 2014(5): 415-415.

[82] BELITZ H D, GROSCH W, SCHIEBERLE P. Food Chemistry[M]. 4th ed. Berlin: Springer, 2009.

[83]   Sandberg A S. Bioavailability of minerals in legumes[J]. British Journal of Nutrition, 2002, 88: 281-285.

[84]   李斌, 谢笔钧. 魔芋葡甘聚糖园二色性与食品营养学性能相关性初探[J]. 食品科学, 2004, 25(2): 76-79.

[85]   陆茂松, 闵吉海. 大蒜有机硫化合物的研究[J]. 中草药, 2001, 32(10): 867-870.

[86]   袁建平, 望江梅. 褪黑激素新论(1), 褪黑激素生物节律与睡眠[J]. 中国食品学报, 2002, 2(2): 40-45.